连山 编著

将来的你,
一定会感谢现在拼命的自己

中国华侨出版社
北京

前言
PREFACE

哈佛大学曾做过一项长达25年的跟踪调查。调查的对象是一群智力、学历、环境等条件差不多的年轻人。结果显示，3%的人25年后成了社会各界的顶尖成功人士，他们中不乏白手创业者、行业领袖、社会精英。10%的人大都在社会的中上层，成为各行各业不可或缺的专业人士，如医生、律师、工程师、高级主管，等等。而60%的人几乎都在社会的中下层面，他们能安稳地工作，但都没有什么特别的成绩。剩下的27%是几乎都处在社会的最底层，他们过得不如意，常常失业，靠社会救济，并且常常抱怨他人，抱怨社会，抱怨世界。从离开校园到职场人生，25年也许只是弹指一挥间。然而，25年过去，当同窗好友再一次相聚时，在人生的地平线上，一个无可回避的现实是：昔日朝夕相处、平起平坐的同学，有了明显的"社会价值等级"。造成这种等级区分的，当然有机遇、人际关系以及与之相对应的环境，但是，最重要的因素却在于每个人在迈出校园的起跑线上是否找到了自己的人生方向，是否懂得努力拼搏，在一些最重要的方面积累自己的成功资本。那些最终成功的人必将感谢当初努力拼搏的自己,而那些失败的人也必将讨厌当初随波逐流、得过且过的自己。

有位哲人说过,一个人从1岁活到80岁很平凡,但如果从80岁倒着活,那么一半以上的人都将是伟人。孔子曾道:"吾十五而志于学,三十而立,四十不惑,五十而知天命,六十耳顺,七十随心所欲不逾矩。"如果我们"倒着活",为了实现"随心所欲不逾矩""耳顺""知天命""不惑""而立"这些人生各个阶段的不同目标,那么我们在"十五而志于学"时就不会怠学、厌学、弃学,就会倍加珍惜学习机会,为实现自己的人生目标而不辜负光阴。很多人在年老的时候会发出这样的感叹:"如果我年轻时懂得这些就好了。"但人生如棋,落子无悔。人生的道路虽然漫长,但关键处通常只有几步,我们不能什么事情都等到过后才后悔,不能什么道理都等到事后才明白。有些事情,如果在我们年轻的时候就去做;有些道理,如果在我们年轻时期就能参透,那么,在未来的三十几岁、四十几岁以及更长的人生道路上,我们就可以少走一些弯路,少经历一些失败,避开工作和生活中的陷阱及情感的暗礁,早一天实现自己的理想,获得成功和幸福。

人活一次,拼一次,你才不会后悔。你的未来不会在某个地方傻傻地等你,而是需要你用双手拼出来,拼出属于你自己的世界,拼出属于你自己的辉煌。"三分天注定,七分靠打拼。"要拼就奋力去拼,给自己一次机会,不要给自己留下遗憾。将来的那个你,一定会感谢现在拼命努力的自己!

目录
CONTENTS

第一章
知道自己要去哪儿,全世界都会为你让路

1 / 没有梦想,何必远方

4 / 停下匆匆赶路的脚步,倾听内心的声音

7 / 人生有主见,青春不迷茫

10 / 起点低不要紧,有想法就有地位

13 / 踩着别人的脚印,永远找不到自己的方向

15 / 没有计划的人一定被计划掉

18 / 活出你自己的样子:年轻,就是用来折腾的

20 / 生命太短暂,岂能渺小度一生

24 / 心若没有栖息的地方,到哪里都是流浪

28 / 十年后,你会变成谁,过得怎么样

第二章

扛得住,世界就是你的

31 / 我们把世界看错了,反说世界欺骗我们

33 / 生命的百孔千疮,是残忍的慈悲

35 / 人生有多残酷,你就该有多坚强

38 / 生命中的痛苦是盐,它的咸淡取决于盛它的容器

40 / 心不怨恨则宽容,心存善良则美好

43 / 不要为旧的悲伤,浪费新的眼泪

第三章

习惯千差万别,未来天壤之别

46 / 播下一种习惯,收获一种命运

48 / 习惯能成就一个人,也能毁灭一个人

50 / 跳出你的习惯

51 / 成功从良好的习惯开始

53 / 微笑是最好的习惯

55 / 给不良习惯找个"天敌"

57 / 不狠心，怎能改掉自己的恶习

58 / 习惯改变，人生也就改变

第四章
跟自己较量，和别人共用能量

60 / 你的人际关系，决定你的未来

63 / 社会不需要独行侠，单打独斗早晚要摔跟头

65 / 人在社会中，独木难成林

68 / 成功人士的共同特征：善于向他人求助

71 / 做事能力只给你一种机会，而交际能力却给你一百种机会

73 / 亮出闪光点，摆脱"谁也不是"的状态

75 / 把自己武装成"绩优股"，吸引各方的注意

77 / 人的身上真的有"磁场"，会吸引一些人，也会排斥一些人

80 / 积极贡献自己的核心价值

第五章

二十几岁低头做事，三十几岁抬头做人

82 / 抬头之前先低头

84 / 应届大学毕业生：学会放低自己

87 / 石头碰鸡蛋，为什么受伤的总是鸡蛋

90 / 还当不了领头羊时，就先躲在羊群里

93 / 从宋兵甲到喜剧王的蜕变：星爷的成功是从龙套跑起的

96 / 怎样正确对待"怀才不遇"和"大材小用"

98 / 做人要"降低"一个层次，做事要提高一个档次

101 / 为什么到处都是有才华的失败者

第六章

在艰难的日子笑出声来

105 / 阳光照不到你的生活，微笑着才发现沿途开满花朵

107 / 美好的日子给你带来经历，阴暗的日子给你带来阅历

110 / 情绪低落时不妨假装一下快乐

112 / 冬天里会有绿意，绝境中也会有生机

115 / 笑看天下几多愁

118 / 用你的笑容去改变这个世界，别让这个世界改变了你的笑容

122 / 你对生活笑，生活就不会对你哭

第七章
拆掉思维里的墙：原来我还可以这样活

126 / 人生无处不套牢，思路决定出路

129 / 走出囚禁思维的栅栏

132 / 甩掉"金科玉律"的束缚

136 / 摧毁专家们的旧图画

139 / 你的生命有什么可能

144 / 换一个角度，换一片天地

148 / 别让"约拿情结"毁了你

150 / 今天得过且过，将来一生无成

153 / 打破常规，自己订立游戏规则

156 / 如果没有得到奇迹，就成为一个奇迹

第八章
拼一把，让明天的你感谢今天的自己

160 / 强者绝不轻言放弃

163 / 决心取得成功比任何一件事情都重要

166 / 信念达到了顶点，就能够产生惊人的效果

168 / 自信能使一个人征服他相信可以征服的东西

170 / 顽强能创造令人难以想象的奇迹

172 / 进取心是不竭的动力

174 / 面对困难，你强它便弱

176 / 永不知足才能与成功握手

第一章
知道自己要去哪儿,全世界都会为你让路

※ 没有梦想,何必远方

当一个人明白他想要什么并且坚持自己的理想,那么整个世界都将为他让路。

他生长在一个普通的农户家里。家里很穷,他很小就跟着父亲下地种田。在田间休息的时候,他望着远处出神。父亲问他想什么?他说,将来长大了,不要种田,也不要上班,每天待在家里,等人给他寄钱。

父亲听了,笑着说:"荒唐,你别做梦了!我保证不会有人给你寄。"

后来他上学了。有一天,他从课本上知道了埃及金字塔的故

事，就对父亲说："长大了我要去埃及看金字塔。"父亲生气地拍了一下他的头说："真荒唐！你别总做梦了，我保证你去不了。"

十几年后，少年成了青年，考上了大学，毕业后做了记者，每年都出几本书。他每天坐在家里写作，出版社、报社给他往家里邮钱，他用邮来的钱到埃及旅行。他站在金字塔下，抬头仰望，想起小时候爸爸说的话，心里默默地对父亲说："爸爸，人生没有什么能被保证！"

他，就是台湾最受欢迎的散文家林清玄。那些在他父亲看来十分荒唐不可能实现的梦想，在十几年后都被他变成了现实。为了实现这个梦想，他十几年如一日，每天早晨4点就起床看书写作，每天坚持写3000字，一年就是100多万字。靠坚持不懈的奋斗，他终于实现了自己的梦想。

如果轻易放弃，梦想就只能是梦想；只有坚持到底，梦想才不仅仅是梦想。只有无论如何都不放弃梦想的人，才有可能让美梦成真。许多人之所以不能实现梦想，并不是因为梦想太高，而是太容易就轻易放弃。

一位小学教师给他的学生布置了一个作业：写一个报告，题目是《我的梦想》。

其中有一位小男孩，洋洋洒洒写了9张纸，描述他的伟大志愿。他想拥有一座属于自己的牧马农场，并且仔细地画了一张200亩农场的设计图，上面认真地标有马厩、跑道等的位置，然后在这一大片农场中央,还要建一栋占地4000平方英尺的豪宅。

他花了很多心血才把这份报告做出来,第二天交给了老师。然而,三天后当他拿回报告翻开一看:第一页上打了一个又红又大的叉,旁边还有一行字:"下课后来见我。"

小男孩下课后带着报告去见老师:"为什么只有我的报告是不及格的?"

老师回答道:"你年纪虽然小,但也不要老做白日梦。你们家里没有钱,也没有雄厚的家庭背景,什么都没有。盖农场是需要花很多钱的大工程,你要花钱买地,花钱买纯种马匹,花钱照顾它们,所以你的志愿是不可能实现的。因此,我建议你再写一个比较不离谱的志愿,我会重新给你分数的。"

这个男孩回到家后征询父亲的意见。父亲只是告诉他:"儿子,这个决定对你来说非常重要,你必须自己拿主意。"

于是这个小男孩再三考虑后,决定将原稿交回,一个字都不改。他告诉老师:"即使是不及格,我也不放弃梦想。"

几十年后,当老师到小男孩的牧场做客的时候,他才知道小男孩没有放弃自己的梦想是对的。

有位哲人说:"世界上一切的成功、一切的财富都始于一个意念!始于我们心中的梦想!"也就是说,成功其实很简单:你先有一个梦想,然后努力经营自己的梦想,不管别人说什么,都不要放弃。

※ 停下匆匆赶路的脚步，倾听内心的声音

很多时候，我们的内心都为外物所遮蔽、掩饰，浮躁的心态占领了我们的整颗心，因此在人生中留下许多遗憾：在学业上，由于我们还不会倾听内心的声音，所以盲目地选择了别人为我们选定的、他们认为最有潜力与前景的专业；在事业上，我们故意不去关注内心的声音，在一哄而起的热潮中，我们也去选择那些最为众人看好的热门职业；在爱情上，我们常因外界的作用扭曲了内心的声音，因经济、地位等非爱情因素而错误地选择了爱情对象……我们都是现代人，现代人惯于为自己做各种周密而细致的盘算，权衡着可能有的各种收益与损失，但是，我们唯一忽视的，便是去听一听自己内心的声音。

一位长者问他的学生："你心目中的人生美事为何？"学生列出"清单"一张：健康、才能、美丽、爱情、名誉、财富……谁料老师不以为然地说："你忽略了最重要的一项——心灵的宁静，没有它，上述种种都会给你带来可怕的痛苦！"

繁忙紧张的生活容易使人心境失衡，如果患得患失，不能以宁静的心灵面对无穷无尽的诱惑，我们就会感到心力交瘁或迷惘躁动。

唯有心灵宁静，才不眼热权势显赫，不奢望金银成堆，不乞求声名鹊起，不羡慕美宅华第，因为所有的眼热、奢望、乞求和羡慕，都是一厢情愿，只能加重生命的负荷，加剧心力的浮躁，而与豁达康乐无缘。

我们很忙，行色匆匆地奔走于人潮汹涌的街头，浮躁之心油然而生，这也是我们不去倾听内心声音的一个缘由。我们找不到一个可以冷静驻足的理由和机会。现代社会在追求效率和速度的同时，使我们作为一个人的优雅在逐渐丧失。那种恬静如诗般的岁月于现代人已成为最大的奢侈和批判对象。内心的声音，便在这种繁忙与喧嚣中被淹没。物的欲望在慢慢吞噬人的性灵和光彩，我们留给自己的内心空间被压榨到最小，我们狭隘到已没有"风物长宜放眼量"的胸怀和眼光。我们开始患上种种千奇百怪的心理疾病，心理医生和咨询师在我们的城市也渐渐走俏，我们去求医、去问诊，然后期待在内心喑哑的日子里寻求心灵的平衡。

老街上有一位老铁匠。由于早已没人需要打制铁器，现在他改卖铁锅、斧头和拴小狗的链子。他的经营方式非常古老和传统，人坐在门内，货物摆在门外，不吆喝，不还价，晚上也不收摊儿。你无论什么时候从这儿经过，都会看到他在竹椅上躺着，手里是一个半导体，身旁是一把紫砂壶。

他的生意也没有好坏之说。每天的收入正够他喝茶和吃饭。他老了，已不再需要多余的东西，因此他非常满足。

一天，一个文物商从老街上经过，偶然看到老铁匠身旁的那把紫砂壶，因为那把壶古朴雅致，紫黑如墨，有清代制壶名家戴振公的风格。他走过去，顺手端起那把壶。

壶嘴内有一记印章，果然是戴振公的，商人惊喜不已。因为戴振公在世界上有捏泥成金的美名，据说他的作品现在仅存3件，一件在美国纽约州立博物馆里；一件在台湾故宫博物院；还有一件在泰国某位华侨手里，是1993年在伦敦拍卖市场上以16万美元的拍卖价买下的。

商人端着那把壶，想以10万元的价格买下它。当他说出这个数字时，老铁匠先是一惊，后又拒绝了，因为这把壶是他爷爷留下的，他们祖孙三代打铁时都喝这把壶里的水，他们的汗也都来自这把壶。

壶虽没卖，但商人走后，老铁匠有生以来第一次失眠了。这把壶他用了近60年，并且一直以为是把普普通通的壶，现在竟有人要以10万元的价钱买下它，他转不过神来。

过去他躺在椅子上喝水，都是闭着眼睛把壶放在小桌上，而现在把茶壶放到桌上后，他总要坐起来再看一眼，这让他非常不舒服。特别让他不能容忍的是，当人们知道他有一把价值连城的茶壶后，蜂拥而至，有的问还有没有其他的宝贝，有的开始向他借钱，更有甚者，晚上悄悄跑到他家里，想偷走这把壶。他的生活被彻底打乱了，他不知该怎样处置这把壶。

当那位商人带着20万元现金，第二次登门的时候，老铁匠再也坐不住了。他招来左右店铺的人和前后邻居，拿起一把斧头，当众把那把紫砂壶砸了个粉碎。

现在，老铁匠还在卖铁锅、斧头和拴小狗的链子，据说他已经102岁了。

宁静可以沉淀出生活中许多纷杂的浮躁，过滤出浅薄粗俗等人性的杂质，可以避免许多鲁莽、无聊、荒谬的事情发生。宁静是一种气质、一种修养、一种境界、一种充满内涵的悠远。安之若素，沉默从容，往往要比气急败坏、声嘶力竭更显涵养和理智。

※ 人生有主见，青春不迷茫

比塞尔是西撒哈拉沙漠中的一颗明珠，每年都会有数以万计的旅游者来到这儿。可是在肯·莱文发现它之前，这里还是一个封闭落后的地方。这儿的人没有一个走出过大漠，据说，不是他们不愿离开这块贫瘠的土地，而是尝试过很多次都没能走出去。

肯·莱文当然不相信这种说法。他用手语向这儿的人问原因，结果每个人的回答都一样：从这儿无论向哪个方向走，最后还是转回到出发的地方。为了证实这种说法，他做了一次试验，从比塞尔村向北走，结果3天半就走了出来。

比塞尔人为什么走不出来呢？肯·莱文非常纳闷，最后只得雇一个比塞尔人，让他带路，看看到底是怎么回事？他们带了半个月的水，牵了两峰骆驼，肯·莱文收起指南针等现代设备，只拄一根木棍跟在后面。

10天过去了，他们走了大约800英里的路程，第11天早晨，果然又回到了比塞尔。

这一次，肯·莱文终于明白了，比塞尔人之所以走不出大漠，是因为他们根本就不认识北斗星。在一望无际的沙漠里，一个人如果凭着感觉往前走，他会走出许多大小不一的圆圈，最后的足迹十有八九是一把卷尺的形状。比塞尔村处在浩瀚的沙漠中间，方圆上千公里没有一点参照物，若不认识北斗星又没有指南针，想走出沙漠，确实是不可能的。

肯·莱文在离开比塞尔时，带了一位叫阿古特尔的青年，就是上次和他合作的人。他告诉这位汉子，只要你白天休息，夜晚朝着北面那颗星走，就能走出沙漠。阿古特尔照着去做了，3天之后果然来到了大漠的边缘。阿古特尔因此成为比塞尔的开拓者，他的铜像被竖在小城的中央。铜像的底座上刻着一行字：新生活是从选定方向开始的。

正如上述例子的最后一句话，人生也同样如此。人生自然有自我存在的价值，选择一个目标，就等于明确了人生的方向，这样才不至于迷失。

一个人如果没有自己的人生观，没有人生的方向，没有确定自己活着究竟要做一个什么样的人、做什么事，只是跟着环境在转，这就犯了庄子所说的"所存于己者未定"的毛病，那将是人生最悲哀的事。

一个辉煌的人生在很大程度上取决于人生的方向，个人的幸福生活也离不开方向的指引。确立人生的方向是人一生中最值得认真去做的事情。你不仅需要自我反省、向人请教"我是什么样的人"，还需要很清楚地知道"我究竟需要什么"，包括想成就什么样的事业、结交什么样的朋友、培养和保留什么样的兴趣爱好、过一种什么样的生活。这些选择是相对独立的，但却是在一个系统内的，彼此是呼应的，从而共同形成人生的方向。

　　摩西奶奶是美国弗吉尼亚州的一位农妇，76岁时因关节炎放弃农活儿，这时她给了自己一个新的人生方向，开始学习她梦寐以求的绘画。80岁时，她到纽约举办画展，引起了意外的轰动。她活了101岁，一生留下绘画作品600余幅，在生命的最后一年还画了40多幅。

　　不仅如此，摩西奶奶的行动也影响到了日本大作家渡边淳一。渡边淳一从小就喜欢文学，可是大学毕业后，他一直在一家医院里工作，这让他感到很别扭。马上就30岁了，他不知该不该放弃那份令人讨厌却收入稳定的工作，转而从事自己喜欢的写作。于是他给耳闻已久的摩西奶奶写了一封信，希望得到她的指点。摩西奶奶很感兴趣，当即给他寄了一张明信片，上面写了这么一句话："做你喜欢做的事，上帝会高兴地帮你打开成功之门，哪怕你现在已经80岁了。"

　　人生是一段旅程，方向很重要。只有掌握了自己人生的方向，每个人才可以最大化地实现自己的价值，正如例子里的摩西奶奶和渡边淳一。

　　找到人生方向的人是快乐的，他们的生活与他们所向往的人生方向是相一致的，这样的生活也让他们的生命更加有意义。

※ 起点低不要紧，有想法就有地位

不可否认，因为出生背景、受教育程度等各方面原因，每个人的起点难免有高低之分，但是起点高的人不一定能将高起点当作平台，走向更高的位置。起点低也不怕，心界决定一个人的世界，有想法才有地位。二十几岁的年轻人首先要渴望成功，才会有成功的机会。

《庄子》开篇的文章是"小大之辩"。说北方有大海，海中有一条叫作鲲的大鱼，宽几千里，没有人知道它有多长。又有一只鸟，叫作鹏。它的背像泰山，翅膀像天边的云，飞起来，乘风直上九万里的高空，超绝云气，背负青天，飞往南海。蝉和斑鸠讥笑说："我们愿意飞的时候就飞，碰到松树、檀树就停在上边；有时力气不够，飞不到树上，就落在地上，何必要高飞九万里，又何必飞到那遥远的南海呢？"

那些心中有着远大理想的人往往不能为常人所理解，就像目光短浅的麻雀无法理解大鹏鸟的鸿鹄之志，更无法想象大鹏鸟靠什么飞往遥远的南海。因而，像大鹏鸟这样的人必定要比常人忍受更多的艰难曲折，忍受更多的心灵上的寂寞与孤独。他们要更加坚强，并把这种坚强潜移到自己的远大志向中去，这就铸成了坚强的信念。这些信念熔铸而成的理想将带给大鹏一颗伟大的心灵，而成功者正脱胎于这种伟大的心灵。尤其是起点低的人，更需要一颗渴望成功的进取心。

"打工皇后"吴士宏是第一个成为跨国信息产业公司中国区总经理的内地人,也是唯一一个取得如此业绩的女性,她的传奇也在于她的起点之低——只有初中文凭和成人高考英语大专文凭。而她成功的秘诀就是"没有一点雄心壮志的人,是肯定成不了什么大事的"。

吴士宏年轻时命途多舛,还患过白血病。战胜病魔后她开始珍惜宝贵的时间。她仅仅凭着一台收音机,花了一年半时间学完了许国璋英语三年的课程,并且在自学的高考英语专科毕业前夕,她以对事业的无比热情和非凡的勇气通过外企服务公司成功应聘到IBM公司,而在此前外企服务公司向IBM推荐的好多人都没有被聘用。她的信念就是:"绝不允许别人把我拦在任何门外!"

在IBM工作的最早的日子里,吴士宏扮演的是一个卑微的角色,沏茶倒水,打扫卫生,完全是脑袋以下肢体的劳作。在那样一个纯高科技的工作环境中,由于学历低,她经常被无理非难。

吴士宏暗暗发誓:"这种日子不会久的,绝不允许别人把我拦在任何门外。"后来,吴士宏又对自己说:"有朝一日,我要有能力去管理公司里的任何人。"为此,她每天比别人多花6个小时用于工作和学习。经过艰辛的努力,吴士宏成为同一批聘用者中第一个做业务代表的人。继而,她又成为第一批本土经理,第一个IBM华南区的总经理。

在人才济济的IBM,吴士宏算得上是起点最低的员工了,但她十分"敢"想,想要"管理别人"。而一个人一旦拥有进取心,即使是最微弱的进取心,也会像一颗种子,经过培育和扶植,它就会茁壮成长，开花结果。

我们应该承认，教育是促使人获得成功的捷径。但吴士宏只有初中文凭和成人高考英语大专文凭，却依然取得了成功。我们这里所指的教育是传统意义上的学校教育，你不妨就把它通俗而简单地理解为文凭。

一纸文凭好比一块最有力的敲门砖，可能会有很多人质疑这一点，但是如果你知道人事部经理怎样处理成山的简历，你就会后悔当初没有上名牌大学了。他们会首先从学校中筛选，如果名牌大学应征者的其他条件都符合，他就不会再翻看其他的简历了。

但是，名牌大学就只有那么几所，独木桥实在难以通过。很多人在这一点上落后了不少，于是在真正踏上社会，走入职场时，就会有起点差异。不过值得庆幸的是，很多成功者都是从低起点开始做起的，他们之所以能在落后于人的情况下后来者居上，有进取心是不可忽略的一条。

上帝在所有生灵的耳边低语："努力向前。"

如果你发现自己在拒绝这种来自内心的召唤、这种催你奋进的声音，那可要引起注意了。当这个来自内心、催你上进的声音回响在你耳边时，你要注意聆听它，它是你最好的朋友，将指引你走向光明和快乐，将指引你到达成功的彼岸。

※ 踩着别人的脚印，永远找不到自己的方向

聪明的人不喜欢单纯地模仿别人，他们总是会发现新的机遇和领域，并抢先占领这一片领域。这个世界上充满了形形色色的追随者和模仿者，他们总是喜欢依照他人的足迹行走，沿着他人的思路思考。他们认为，走别人走过的路可让自己省心省力，是走向成功、创造卓越人生的一条捷径。殊不知，"模仿乃是死，创造才是生"。

对任何人来说，模仿都是极愚拙的事，它是成功的劲敌。它会使你的心灵枯竭，没有动力；它会阻碍你取得成功，干扰你进一步的发展，拉长你与成功的距离。

效仿他人的人，不论他所模仿的人多么伟大，他也绝不会成功。没有一个人能依靠模仿他人去成就伟大的事业。所以，二十几岁的年轻人要想成功就要找准自己的方向，找到自己的目标，不能走别人走过的路。

有一位雄心勃勃的商人，听说外地招商引资，就"顺应潮流"到该地投资了上千万。两年之后，他把所有的钱都亏掉了，最后空手而归。

朋友问他："你当初为什么要到那里去投资？"他说："那时候，很多同行都争先恐后地去了，大家都认为那里的投资条件优越，大有发展前途。如果我不去的话，担心会失去发展的机会。"

例子里的商人陷入了一个怪圈：别人都去做了，我必须赶快跟上。有这样一种说法，同样的一条新路，走第一的是天才，走第二的是庸才，走第三的是蠢材。从中可见跟随者的悲哀。

成功只青睐主动寻找它的人。聪明的人都不随大流，眼光独到，另辟蹊径，在别人还"没睡醒"之前早已把赚来的钱塞进自己的口袋里了。

100多年前，德国犹太人李威·斯达斯随着淘金人流来到美国加州。他看见这里的淘金者人如潮涌，就想靠做生意赚这些淘金者的钱。他开了间专营淘金用品的杂货店，经营镢头、做帐篷用的帆布等。

一天，有位顾客对他说："我们淘金者每天不停地挖，裤子损坏特别快，如果有一种结实耐磨的布料做成的裤子，一定会很受欢迎的。"

李威抓住顾客的需求，把他做帐篷的帆布加工成短裤出售，果然畅销，采购者蜂拥而来，李威靠此发了笔大财。

首战告捷，李威马不停蹄，继续研制。他细心观察矿工的生活和工作特点，千方百计地改进和提高产品质量，设法满足消费者的需求。考虑到帮助矿工防止蚊虫叮咬，他将短裤改为长裤；又为了使裤袋不致在矿工把样品放进去时裂开，他特意将裤子臀部的口袋由缝制改为用金属钉钉牢；又在裤子的不同部位多加了两个口袋。这些点子都是在仔细观察淘金者的劳动和需求的过程中，不断地捕捉到并加以实施的，这些改进使产品日益受到淘金者的欢迎，销路日广。

　　李威还利用各种媒介大力宣传牛仔裤的美观、舒适，是最佳装束，甚至把它说成是一种牛仔裤文化。这些铺天盖地的宣传，把牛仔裤"庸俗""下流"的斥责打得大败而逃。于是，牛仔裤在社会上层也牢牢地站稳了脚跟，最终风靡全球。

　　走别人走过的路，将会迷失自己的方向，李威之所以能取得成功，就是因为他开拓了一条属于自己的路。

　　不论是工作上还是生活中，有不少二十几岁的年轻人都太习惯于走别人走过的路，他们偏执地认为走大多数人走过的路不会错，但是，却往往忽略了最重要的事实，那就是，走别人没有走过的路往往更容易成功。

　　走别人没走过的路，虽然意味着你必须面对别人不曾面对的艰难险阻，吃别人没吃过的苦，但也唯有如此，你才能发现别人未曾发现的东西，到达别人无法企及的高度。

　　二十几岁的年轻人要知道，成功者之所以会取得惊人的成绩，正是由于他们不满足于走别人走过的路，而主动开发，想别人没想到的东西，也正是这一思路支持着他们一路走来，让自己跨越障碍直至成功。

※ 没有计划的人一定被计划掉

　　人之一生，背负的东西太多太多，钱、权、名、利，都是我们想要的，一个也不想放下，压得我们喘不过气来。人生中有时我们拥有的内容太多太乱，我们的心思太复杂，我们的负荷太沉重，我们的烦恼太无绪，诱惑我们的事物太多，大大地妨碍我们，无形而深刻地损害我们。生命如舟，载不动太多的欲望，怎样使之在抵达彼岸时不在中途搁浅或沉没？我们是否该选择放下，丢掉一些不必要的包袱，那样我们的旅程也许会多一些从容与安康。

明白自己真正想要的东西是什么，并为之奋斗，如此才不枉费这仅有一次的人生。英国哲学家伯兰特·罗素说过，动物只要吃得饱，不生病，便会觉得快乐了。人也该如此，但大多数人并不是这样。很多人忙碌于追逐事业上的成功而无暇顾及自己的生活。他们在永不停息的奔忙中忘记了生活的真正目的，忘记了什么是自己真正想要的。这样的人只会看到生活的烦琐与牵绊，而看不到生活的简单和快乐。

我们的人生要有所获得，就不能让诱惑自己的东西太多，不能让努力的方向过于分叉。我们要简化自己的人生，要学会有所放弃，要学习经常否定自己，把自己生活中和内心里的一些东西断然放弃掉。

仔细想想你的生活中有哪些诱惑因素，是什么一直干扰着你，让你的心灵不能安宁，又是什么让你坚持得太累，是什么在阻止着你的快乐。把这些让你不快乐的包袱通通扔弃。只有放弃我们人生田地和花园里的这些杂草害虫，我们才有机会同真正有益于自己的人和事亲近，才会获得适合自己的东西。我们才能在人生的土地上播下良种，致力于有价值的耕种，最终收获丰硕的粮食，在人生的花园采摘到鲜丽的花朵。

所以，仔细想想你在生活中真正想要什么？认真检查一下自己肩上的背负，看看有多少是我们实际上并不需要的，这个问题看起来很简单，但是意义深刻，它对成功目标的制定至关重要。

要得到生活中想要的一切，当然要靠努力和行动。但是，在开始行动之前，一定要搞清楚，什么才是自己真正想要的。要打发时间并不难，随便找点儿什么活动就可以应付，但是，如果这些活动的意义不是你设计的本意，那你的生活就失去了真正的意义。你能否提高自己的生活品质，并且使自己满足、有所成就，完全看你能否决定自己真正需要什么，然后能不能尽量满足这些需要。

生活中最困难的一个过程就是要搞清楚我们自己究竟想要什么。大多数人都不知道自己真正想要什么，因为我们不曾花时间来思考这个问题。面对五光十色的世界和各种各样的选择我们更不知所措，所以我们会不假思索地接受别人的期望来定义个人的需要和成功，社会标准变得比我们自己特有的需求还要重要。

我们总是太在意别人的看法，以致我们下意识地接受了别人强加于我们的种种动机，结果，努力过后才发现自己的需求一样都没能满足。更复杂的是，不仅别人的意见影响着我们的欲望，我们自己的欲望本身也是变幻莫测的。它们因为潜在的需要而形成，又因为不可知的力量日新月异。我们经常得到过去十分想要的，而现在却不再需要的东西。

如果有什么原因使我们总是得不到自己想要得到的东西的话，

这个原因就是你并不清楚自己到底想要什么。在你决定自己想要什么、需要什么之前，不要轻易下结论，一定要先做一番心灵探索，真正地了解自己，把握自己的目标。只有这样，你才能在生活中满意地前进。

※ **活出你自己的样子：年轻，就是用来折腾的**

潘杰客，一个有着传奇跨国经历的成功男人，带给我们无限的启示。

想当初，潘杰客的祖父和父亲都是著名的科学家，而他大学毕业后却在北京一个小小的施工队做预算员。不过4年后，他已经是国家建设部最年轻的中层领导。1988年，近30岁的潘杰客来到美国，一切从送外卖住地下室开始，6年后，被哈佛、剑桥、耶鲁3所大学的管理学院同时录取，1997年在哈佛完成学业后，前往欧洲，在上千名应聘者中，成为唯一被录用的德国奥迪的高级经理，后来作为奥迪中国大区首席顾问回到中国，成功运作了奥迪A6在中国的上市计划。就在这能够让所有人艳羡的时候，他辞去了奥迪终身雇员的职务，加盟凤凰卫视，成为一个财经节目的主持人。

上面所说的情况已足以让人刮目相看，其实还只是他跨国人生的一个小部分。用他自己的话说就是——除了"变化"没有什么是永恒的。

但事实上，潘杰客真正吸引人的地方也许并不在于他的成功，而在于他的"失败"。

潘杰客在他耶鲁大学入学论文的开篇写到"人生舞台上的表演层出不穷、跌宕起伏，它们可以是喜剧、悲剧、哑剧、歌剧、音乐剧、交响乐，不一而足。而我们在生命的不同时期却以不同的角色出现——主角、配角、编剧、导演、灯光师、甚至观众。"

人生如戏，潘杰客为自己编写并且导演了一出最跌宕起伏的大剧。

"人是不能低头的，一旦低头，就再也不可能骄傲了。因为一个行动养成一个习惯，低头一次，就会有第二次、第三次……"

"很多人问我，在最困难的关头，是什么力量支撑着我不倒下，挺过去，我的答案是'心灵的骄傲'。在那种关键的时候，我不可能去考虑成功之后的鲜花与欢呼或失败者所将遭遇的冷遇和失落。我所想的是，我这个生命是否值得再为自己做下去？我通常会问自己：你能否超越自己？超越了就是成功——不是事情上的成功，而是心理上的成功。人在那种时刻，暴露出来的都是人性的弱点；我就是要战胜这种弱点。因为我追求的是心灵的纯粹和强大，一种心灵上的超我。"

"内心必须有一种渴求，你可以改变自己，还可以通过自己去改变别人，这个社会、这个世界就会因此而改变。要在最广泛的范围去影响他人，把社会向更合理的方向推进，这种合理应该为大多数人带来福利。这是个良好的愿望，为了这个愿望，要去做许多其他的事情,而这正是人生价值的体现,它带给我的满足是物质无法带来的。在心灵痛苦时,常常会想,大千世界的痛苦又是多么的深厚。走这条路的人注定是孤独的,精神和灵魂像吉普赛人一样在这个世界流浪,如果这就是命运的话,我已做好准备并且毫不畏惧。"——这是一个理想主义者的自白,是一个勇敢者的宣言,是潘杰客不变的信念。这是一种怎样的超越,怎样的智慧?他是一个把目标与成功分得很清的人,成败得失已无关紧要,他追求的只是个目标、一种执着、一份毅力。对一个人来说,可以没有成功,却不能没有目标。目标有时候很简单,却需要足够的信心与毅力去追求;成功有时候很遥远,却与目标只咫尺之隔。

真正的伟大只有一种,就是看清这个世界的本来面目,并且去热爱它。作为一个自然人,潘杰客无疑非常伟大,这种伟大表现在他始终恪守着自己的原则,给高贵的心灵一个美丽的住所,哪怕是遭遇到最大的阻力,也要想办法抵达胜利的彼岸。

※ 生命太短暂,岂能渺小度一生

有这样一个众所周知的寓言故事:

农夫拣到一枚鹰蛋,回家后放到了一个正在孵小鸡的母鸡窝里。结果这枚鹰蛋被母鸡孵化成了一只雏鹰。这只雏鹰自以为也是一只小鸡,每天和小鸡生活在一起,做着与母鸡一样的事情,在垃圾堆里捉虫觅食,与小鸡一起嬉戏,有时也学母鸡一样咯咯地叫。

雏鹰渐渐长大，变成了一只小鹰，可它从来没有飞过几尺高，因为母鸡们只能飞这么高。它完全认为自己就与母鸡一样。

一天，小鹰看见一只大鸟在万里碧空中展翅翱翔，就问母鸡："那种飞得好高的大鸟是什么？"

母鸡回答说："那是一只雄鹰，它是一种非常了不起的鸟。你不过是一只鸡，不能像它那样飞，认命吧。"于是，这只小鹰就接受了这种观点，也不尝试着去飞翔，也从来没想过与母鸡们做不一样的事。

有一天，猎人经过这家农户，看见了这只小鹰。猎人说服农妇，用3只猎获的野兔换走了小鹰。猎人开始训练小鹰飞翔，可是小鹰飞不起来，准确地说，根本不敢飞。猎人没有灰心丧气，他带小鹰爬到一座高山顶上，对小鹰说："鹰呀鹰呀，你本属于蓝天，你是蓝天的主人，你怎么变得像你的食物——小鸡那样弱小呢？向高处看吧，那些在天空翱翔的雄鹰才是你的同伴。去找它们吧！"

猎人说着，撒手将小鹰抛向悬崖，小鹰呈直线坠落，就在即将落地的那一瞬间，小鹰"呀"地一声尖叫，振翅飞了起来，直冲云霄。

和优秀的人在一起，这样，你的潜能就会最大限度地被激发出来，你就会变得更加优秀，最后让优秀成为自己的一种习惯。

贝尔28岁时拜访了著名物理学家约瑟夫·亨利，谈论"多路电报"试验，亨利本来对此不感兴趣。但这回他强打起精神，去听贝尔的介绍。突然他敏锐地觉察到，这个年轻人在谈一个极有价值的现象。他热情地鼓励贝尔："如果你觉得自己缺乏电学知识，那就去掌握它。你有发明的天分，好好干吧！"

后来，贝尔写信给父母，描述自己的感受："我简直无法向你们描述这两句话是怎样地鼓舞了我……要知道在当时，对大多数人来说通过电报线传递声音无异于天方夜谭，根本不值得费时间去考虑。"

几年后，贝尔又说："如果当初没有遇上约瑟夫·亨利，我也许发明不了电话。"

和积极的人在一起会让你更积极，和消极的人在一起会让你更消极。心态积极的人，他们会及时激励我们，而不是用消极的话来干扰我们的行动。要知道，当一个人在做一件犹豫不决的事时，需要的是积极的支持。与积极者在一起，我们会学着尝试。即使错了，起码也曾经尝试过，无怨无悔。没有人会百分之百成功，但没有尝试肯定不会成功。

《心灵鸡汤》的作者之一马克·汉森是一位畅销书作家，他的书在全世界已经畅销几千万册。有一次，汉森在与成功学、激励学顶尖高手安东尼·罗宾斯同台讲演结束之后，私下请教罗宾斯，于是有了如下一段对话——

汉森问："我们都在教别人成功，为什么我的年收入才100

万美元，而你一年却能赚进 1000 万美元呢？"

罗宾斯没有直接回答汉森的问题，却反过来问汉森："你每天跟谁混在一起？"

汉森说："我每天都跟百万富翁在一起。"

罗宾斯听后笑了笑说："我每天都跟千万富翁在一起。"

只有和比自己更成功的人在一起，和成功者合作，我们才会更成功。近朱者赤，近墨者黑。物以类聚，人以群分。我们要想像雄鹰一样在空中翱翔，就得学会雄鹰飞翔的本领。如果我们结交有成就者，那我们终将会成为一个有成就的人。用好莱坞流行的一句话说："一个人能否成功，不在于你知道什么，而在于你认识谁。"

假设有两种环境供你去选择：第一种环境你是最好的，你每月的收入是 800 元，而别人都是 200 元，第二种环境你是最差的，别人都是百万富翁，你的资产只有 20 万元，你愿意选择哪一种呢？要想成为什么样的人，你就要选择跟什么样的人在一起，你要变得积极，你要找比你更积极的人在一起，你要永远寻找比你本身更好的环境。无论你是飞黄腾达，还是穷困潦倒，选择和比你优秀的人在一起，当你落败时，他会帮你检讨总结，为你加油助威。

谨慎地选择那些我们愿意花时间交往的朋友，因为他们对我们的思想、人格，以及发生在我们身上的任何事情都会有影响。与生活态度积极的人在一起，与具有远见卓识的人在一起，与成功者在一起，他们的"花香"会熏陶我们，这样我们才会嗅到更多的芬芳。

生命太短暂，我们不能在碌碌无为中渺小地度过一生。与优秀的人在一起，创造不平凡的人生，才是我们明智的选择。

※ 心若没有栖息的地方，到哪里都是流浪

所谓选定：就是指一生只选一把椅，一生只选一件事，一生选准一个目标。

所谓选定：就是咬定青山不放松，就是几十年风雨如一日，就是将"革命"进行到底！长江因选定向东而波澜壮阔；青松因选定向上而伟岸挺拔；珠峰因选定卓越而傲视群山；流星因选定精彩而亮彻长空；圣贤因选定目标而成功卓越！

有这样一个故事：

一条街上有两家卖老豆腐的小店。一家叫"潘记"，另一家叫"张记"。两家店是同时开张的。刚开始，"潘记"生意十分兴隆，吃老豆腐的人得排队等候，来得晚就吃不上了。潘记的特点是：豆腐做得很结实，口感好，给的量特别大。相比之下，张记老豆腐就不一样了，首先是豆腐做得软，软得像汤汁，不成形状；其次是给的豆腐少，加的汤多，一碗老豆腐半碗多汤。因此，有一段时间，张记的门前冷冷清清。有一天，一个客人走进张记的豆腐店，吃完一碗老豆腐后不客气地说："你怎么不学学潘记呢？"老板卖关子，脸上颇有几分胜算地说："我为什么要学他呢？你两个月以后再来，看看是不是会有变化吧。"

大概一个多月后，张记的门前居然真的排起了长队。那客人很好奇，也排队买了一碗，看看碗里的豆腐，仍然是稀稀的汤汁，和以前没什么两样，吃起来，也是从前的味道。老板脸上仍然挂着憨厚的笑，客人便好奇地问："能告诉我这其中的秘诀吗？"

老板说："其实，我和潘记的老板是师兄弟。"客人有些惊讶："那你们做的豆腐不一样呀？"老板说："是不一样。我师兄——潘记做的豆腐确实好，我真比不上；但我的豆腐汤是加入好几种骨头，再配上调料，再经过12个小时熬制而成，师兄在这方面就不如我了。师傅故意传给我们不同的手艺。这样，人们吃腻了我师兄的豆腐，就会到我这里来喝汤。时间长了，人们还会回到我师兄那里。再过一段时间，人们又会来我这里。这样，我们师兄弟的生意就能比较长远地做下去，并且互不影响。"

客人又试探地问："你难道就不想跟师兄学做豆腐吗？"老板却说："师傅告诉我们，能做精一件事就不容易了。有时候，你想样样精，结果样样差。"

张记老板的话中有话，除与老豆腐有关，与一个人的择业、一个人一辈子的坚守似乎都有些关联……

是的，世界上夺目的事业太多太多，而选定者必须知道：生命有限，时间有限，精力有限，能力有限，空间有限。而每人只有一双手，只有在众多的事业中选定一件自己爱干的该干的事，才能打造自己的完美人生。

因为，成功是一个力学问题，目标的实现全赖于力量的方向、大小和持续力。

若不选定目标，那么，每天清晨起来，我们将茫然四顾。若不能选准一件事，那么，我们每日的思考与行动将毫无意义可言。宇宙万物都是以中心为内核而运转的，人生也莫不如此。有中心我们才有可能聚积四周的能量，才有可能吸引实现目标的人力物力财力。蚌蛤因有中心而结出珍珠，台风因有中心而力大无穷。

当然，中心只应有一个。世界上有梦想的人太多太多，每天活在不同梦想之中的人也太多太多，唯独一生只有一个梦想的人凤毛麟角，少之又少。梦想多者，一生都在游离不定中摇摆，在举棋不定中反复，在湖光掠影中闪失。他们没有恒心，没有毅力，他们太急于求成，他们太不能等待，有的只是一颗空泛的心，他们总是在期待在祈盼机遇之神光顾，结果呢？恰恰相反，机遇之神总是鄙视他们，且将他们弃在路边，如同敝履。

富可敌国、光芒四射的比尔·盖茨，就是一个一生选定一件事、一生只做一件事的人。正因为这一果断的抉择，使他的软件事业在经过几年的打拼之后，成了这一领域的"庞大帝国"，而他本人则成了世界首富。

比尔·盖茨在谈到他的成功经验时说："很多人问我成功的秘密，其实没有什么秘密可谈，我只是选择了我爱做的事，该做的事。其实，我不比别人聪明多少，我之所以走到了其他人的前面，不过是我认准了一生只做一件事，并且把这件事做得更完美而已。正是这个深扎于内心的信条，使我的思想和人生变得更加坚定。我始终认为一个能把一件事做到底的人，更能体现出天才的创造力。"

总之，没有选定，人生就没有主题；没有选定，人生就没有方向没有目标；没有选定，人生就是一盘散沙；没有选定，人生就不可能像滚雪球一样越滚越大；没有选定，人生就会流入肤浅和庸俗！只有选定，泰山才会为之让路；只有选定，险峰也会为之臣服；只有选定，人生的坎坷才会被踏平；只有选定，生命才会乘风破浪，一路凯歌！当然，"选定"它需要钢铁般的意志为后盾，才能实现，才能突破。

在这个世界上，强者与弱者之间，成功者与失败者之间，大人物与小人物之间，他们之间唯一区别，就是看谁具有钢铁般的意志力，看谁具有绵绵不绝的激情。没有这两点，所有的选定都是白搭，所有的选定都是枉费心机。

今天，我们一定要吃透"选定"，着手"选定"，迅速做出生命中最大的一次决策——选好自己的位置，一生只做一件事。

是小草，就要为生命增添绿意；是鲜花，就要为人间留下芬芳；是阳光，就要照耀大地；是雨露，就要滋润禾苗……茫茫人海中，你的人生坐标在哪里？

成功的道路千条万条，而属于你的只有一条；三百六十行，行行出状元，你该选择哪一行？试想一下，如果让毕加索写小说，让马克·吐温去作画，他们还会被人们尊为大师吗？这里涉及一个定位问题，简单地说，就是找准自己一生要做的事，选准一事，选定一生。

※ 十年后，你会变成谁，过得怎么样

给自己定好位了，人生就不会有那么多的烦恼，你的人生也将从此而精彩。

在水生动物中，螃蟹是横着走路的，河虾倒退着走路。它们怪异的行走方式引来了不少嘲笑和讥讽。一天，敏捷矫健的银鱼嘲笑说："螃蟹你真笨！横着走路！如果旁边有障碍物你怎么走啊？"聪明的章鱼也插嘴讥讽道："河虾更傻，向前走多顺啊，可它偏偏倒着走，何时才能到头啊？"螃蟹和河虾听见了，只是淡淡一笑。它们心里知道，选择什么样的行走方式，是根据自己的身体情况决定的。只要有自知之明，了解自己的特点，把握好方向和目标，给自己定好位，无论横着走或者倒着走，都是一种前进的姿态。

人最可贵的是有自知之明，即使这无助于发现真理，至少也是一项生活准则。法国著名画家安格尔曾说过这么一句话："我在日常生活中严守着一个美好的准则：'贵在自知之明'，我是素以此来鞭策自己的。"

齐庄公乘车出游的时候，在路上看见一只小小的螳螂伸出前臂，准备去阻挡车子的前进，齐庄公非常惊讶。车夫就告诉齐庄公："这种虫子凡是看到对手，就会伸出自己的前臂，想要抵挡对手的进攻，却往往没想过自己的力量有多大，所以经常被车压死。"

这就是成语螳臂当车的由来，以此来比喻那些没有自知之明，不自量力的人。

张丽工作的那家公司倒闭半年了,她依然没有找到工作。不是没公司愿意录用她,而是她在原来那家公司工作时月薪为2000元。所以她发誓一定要找一份月薪不低于2000元的工作。父亲得知她的想法,要她跟他一起去卖菜。

其他菜父亲卖的和别人一个价,而唯有白菜,人家卖5毛钱一斤,父亲非卖8毛钱一斤。父亲说自己的白菜是全市最好的,可一连几个人来问过价后都嫌贵。

她有点着急了,对父亲说:"我们也降为5毛钱一斤吧。"

父亲不同意,坚持道:"我们的白菜是整个菜市场里最好的,不愁没有人买。"

有个人来问价钱了,非常喜欢她家的白菜,但就是嫌贵。那人软磨硬泡,最后一跺脚狠狠心说:"7毛一斤,我都要下。"可父亲仍然一分钱也不让。

时间一分一秒过去了,市场内的菜价也在慢慢下跌。许多菜农的白菜大都卖完了,没有卖完的原因是挑剩下的而卖到4毛钱一斤,但父亲却只降价到6毛钱一斤。她急了,建议父亲也卖4毛钱一斤,但父亲仍不同意,他仍坚持说自家的白菜是最好的。

中午过后,不能隔夜卖的白菜已被降价到了2毛一斤。黄昏时分,有的人干脆开始卖1元一大棵。而她家的白菜经过一天的日晒已经毫无优势可言,但父亲仍然坚持不降价。天快黑时,一个中年妇女过来问:"这堆白菜5块卖不卖?"看来不卖就只有拿回家自己吃了,于是父亲就卖了。

回家的路上,她埋怨父亲太固执,以至于白白浪费机会,反而少卖了好多钱。父亲没有反驳，只是笑了笑，意味深长地说："总以为早上能以八毛的价格把白菜卖掉，谁知越等越不值钱。"

她深深地被父亲的话触动了，心想：我不就是这样吗？于是第二天，她就到一家公司上班了，月薪1500元。

我们常常说的不能眼高手低，说的就是这个意思：不能将自己定位太过高于本身实际所处的位置。对本属于自己的位置的不屑一顾，只会换来不断的碰壁。尤其在自己处于低谷的时候，更应该正确认识到自己所处的环境，正确估量自己，然后才能一步一个脚印地往上攀登。

是火柴你就发光，是轮胎你就奔跑，是音箱你就歌唱。每一样东西每一个人都有自己的特点和使命。只有找准了自己的位置，人生才有成功的可能。

第二章
扛得住，世界就是你的

※ 我们把世界看错了，反说世界欺骗我们

在我们这个世界上，许许多多的人都认为公平合理是生活中应有的现象。我们经常听人说："这不公平！""因为我没有那样做，你也没有权利那样做。"我们整天要求公平合理，每当发现公平不存在时，心里便不高兴。应当说，要求公平并不是错误的心理，但是，如果不能获得公平，就产生一种消极的情绪，这个问题就要注意了。

实际上绝对的公平并不存在，你要寻找绝对公平，就如同寻找神话传说中的宝物一样，是永远也找不到的。这个世界不是根据公平的原则而创造的，譬如，鸟吃虫子，对虫子来说是不公平的；蜘蛛吃苍蝇，对苍蝇来说是不公平的；豹吃狼、狼吃獾、獾

吃鼠、鼠又吃……只要看看大自然就可以明白，这个世界并没有公平。飓风、海啸、地震等都是不公平的，公平只是神话中的概念。人们每天都过着不公平的生活，快乐或不快乐，是与公平无关的。

这并不是人类的悲哀，只是一种真实情况。

生活不总是公平的，这着实让人不愉快，但确是我们不得不接受的真实处境。我们许多人所犯的一个错误便是为了自己或他人感到遗憾，认为生活应该是公平的，或者终有一天会公平。其实不然，绝对的公平现在不会有，将来也不会有。

承认生活中充满着不公平这一事实的一个好处便是能激励我们去尽己所能，而不再自我伤感。我们知道让每件事情完美并不是"生活的使命"，而是我们自己对生活的挑战，承认这一事实也会让我们不再为他人遗憾。

每个人在成长、面对现实、做种种决定的过程中都会遇到不同的难题，每个人都有成为牺牲品或遭到不公正对待的时候，承认生活并不总是公平这一事实，并不意味着我们不必尽己所能去改善生活，去改变整个世界；恰恰相反，它正表明我们应该这样做。

当我们没有意识到或不承认生活并不公平时，我们往往怜悯他人也怜悯自己，而怜悯自然是一种于事无补的失败主义的情绪，它只能令人感觉比现在更糟。但当我们真正意识到生活并不公平时，我们会对他人也对自己怀有同情，而同情是一种由衷的情感，所到之处都会散发出充满爱意的仁慈。当你发现自己在思考世界上的种种不公正时，可要提醒自己这一基本的事实。你或许会惊奇地发现它会将你从自我怜悯中拉出来，使你采取一些具有积极意义的行动。

公平公正能够向往，但不能依赖和强求，不要把堕落的责任推诸于他人，更不能自欺欺人！许多不公平的经历我们是无法逃避的，也是无从选择的，我们只能接受已经存在的事实并进行自我调整，抗拒不但能毁了自己的生活，而且还会使自己精神崩溃。因此，人在无法改变不公和不幸的厄运时，只有学会接受它、适应它才能把人生航向掉转过来，才能驶往自己真正的理想目的地。

※ 生命的百孔千疮，是残忍的慈悲

"金无足赤，人无完人。"即使是全世界最出色的足球选手，10次传球，也有4次失误；最棒的股票投资专家，也有马失前蹄的时候。我们每个人都不是完人，都有可能存在这样或那样的过失，谁能保证自己的一生不犯错误呢？也许只是程度不同罢了。如果你不断追求完美，对自己做错或没有达到完美标准的事深深自责，那么一辈子都会背着罪恶感生活。

过分苛求完美的人常常伴随着莫大的焦虑、沮丧和压抑。事情刚开始，他们就担心失败，生怕干得不够漂亮而不安，这就妨碍了他们全力以赴地去取得成功。而一旦遭遇失败，他们就会异常灰心，想尽快从失败的境遇中逃离。他们没有从失败中获取任何教训，而只是想方设法让自己避免尴尬的场面。

很显然，背负着如此沉重的精神包袱，不用说在事业上谋求成功，在自尊心、家庭问题、人际关系等方面，也不可能取得满意的效果。他们抱着一种不正确和不合逻辑的态度对待生活和工作，他们永远无法让自己感到满足。

日本有一名僧人叫奕堂，他曾在香积寺风外和尚处担任典座一职（即负责斋堂）。有一天，寺里有法事，由于情况特殊必须提早进食。乱了手脚的奕堂匆匆忙忙地把白萝卜、胡萝卜、青菜随便洗一洗，切成大块就放到锅里去煮。他没有想到青菜里居然有条小蛇，就把煮好的菜盛到碗里直接端出来给客人吃。

客人一点儿也没发觉。当法事结束，客人回去后，风外把奕堂叫去，风外用筷子把碗中的东西挑起来问他：

"这是什么？"奕堂仔细一看，原来是蛇头。他心想这下完了，不过还是若无其事地回答："那是个胡萝卜的蒂头。"奕堂说完就把蛇头拿过来，咕噜一声吞下去了。风外对此佩服不已。

智者即是如此，犯了错误，他不会一味地自责、内疚或寻找借口，而是放下心中负担去面对。

张爱玲在她的小说《红玫瑰与白玫瑰》中写了男主角佟振保的爱恋，同时也一针见血地道破了男人的心理以及完美之梦的破灭：白玫瑰有如圣洁的恋人，红玫瑰则是热烈的情人。娶了白玫瑰，久而久之，变成了胸口的一粒白米饭，而红玫瑰则有如胸口的疹痣；娶了红玫瑰，年复一年，则变成蚊帐上的一抹蚊子血，而白玫瑰则仿佛是床前明月光。

事实上，世界上根本就没有真正的"最大、最美"，人们要学会不对自己、他人苛求完美，对自己宽容一些，否则会浪费掉许许多多的时间和精力，最终只能在光阴蹉跎中悔恨。

世界并不完美，人生当有不足。对于每个人来讲，不完美的生活是客观存在的，无须怨天尤人。不要再继续偏执了，给自己的心留一条退路，不要因为不完美而恨自己，不要因为自己的一时之错而埋怨自己。看看我们身边的朋友，他们没有一个是十全十美的。

完美往往只会成为人生的负担，人绷紧了完美的弦，它却可能发不出优美的声音来。那些爱自己、宽容自己的人，才是生活的智者。

※ **人生有多残酷，你就该有多坚强**

成就平平的人往往是善于发现困难的"天才"，他们善于在每一项任务中都看到困难。他们莫名其妙地担心前进路上的困难，这使他们勇气尽失。他们对于困难似乎有惊人的"预见"能力。一旦开始行动，他们就开始寻找困难，时时刻刻等待着困难的出现。当然，最终他们发现了困难，并且被困难击败。这些人似乎戴着一副有色眼镜，除了困难，他们什么也看不见。他们前进的路上总是充满了"如果""但是""或者"和"不能"。这些东西足以使他们止步不前。

一个向困难屈服的人必定会一事无成，很多人不明白这一点。一个人的成就与他战胜困难的能力成正比。他战胜越多别人所不能战胜的困难，他取得的成就也就越大。如果你足够强大，那么困难和障碍会显得微不足道；如果你很弱小，那么障碍和困难就显得难以克服。有的人虽然知道自己要追求什么，却畏惧成功道路上的困难。他们常常把一个小小的困难想象得比登天还难，一味地悲观叹息，直到失去了克服困难的机会。那些因为一点点困难就止步不前的人，与没有任何志向、抱负的庸人无异，他们终将一事无成。

　　成就大业的人，面对困难时从不犹豫徘徊，从不怀疑自己克服困难的能力，他们总是能紧紧抓住自己的目标。对他们来说，自己的目标是伟大而令人兴奋的，他们会向着自己的目标坚持不懈地攀登，而暂时的困难对他们来说则微不足道。伟人只关心一个问题："这件事情可以完成吗？"而不管他将遇到多少困难。只要事情是可能的，所有的困难就都可以克服。

　　我们随处可见自己给自己制造障碍的人。在每一个学校或公司董事会中或多或少地都有这样的人。他们总是善于夸大困难，小题大做。如果一切事情都依靠这种人，结果就会一事无成。如果听从这些人的建议，那么一切造福这个世界的伟大创造和成就都不会存在。

　　一个会取得成功的人也会看到困难，却从不惧怕困难，因为他相信自己能战胜这些困难，他相信一往无前的勇气能扫除这些障碍。有了决心和信心，这些困难又能算得了什么呢？对拿破仑来说，阿尔卑斯山算不了什么。并非阿尔卑斯山不可怕，冬天的阿尔卑斯山几乎是不可翻越的，但拿破仑觉得自己比阿尔卑斯山更强大。

虽然在法国将军们的眼里，翻越阿尔卑斯山太困难了，但是他们那伟大领袖的目光却早已越过了阿尔卑斯山上的终年积雪，看到了山那边碧绿的平原。

乐观地面对困难，多一些快乐，少一些烦恼，你会惊奇地发现，这不仅会使你的工作充满乐趣，还会让你获得幸福。你会发现，自己成了一个更优秀、更完美的人。你用充满阳光的心灵轻松地去面对困难，就能保持自己心灵的和谐。而有的人却因为这些困难而痛苦，失去了心灵的和谐。

你怎样看待周围的事物完全取决于你自己的态度。每一个人的心中都有乐观向上的力量，它使你在黑暗中看到光明，在痛苦中看到快乐。每一个人都有一个水晶镜片，可以把昏暗的光线变成七色彩虹。

夏洛特·吉尔曼在他的《一块绊脚石》中描述了一个登山的行者，突然发现一块巨大的石头摆在他的面前，挡住了他的去路。他悲观失望，祈求这块巨石赶快离开。但它一动不动。他愤怒了，大声咒骂，他跪下祈求它让路，它仍旧纹丝不动。行者无助地坐在这块石头前，突然间他鼓起了勇气，最终解决了困难。用他自己的话说："我摘下帽子，拿起我的手杖，卸下我沉重的负担，我径直向着那可恶的石头冲过去，不经意间，我就翻了过去，好像它根本不存在一样。如果我们下定决心，直面困难，而不是畏缩不前，那么，大部分的困难就根本不算什么困难。"

※ 生命中的痛苦是盐，它的咸淡取决于盛它的容器

从前有座山，山里有座庙，庙里有个年轻的小和尚，他过得很不快乐，整天为了一些鸡毛蒜皮的小事唉声叹气。后来，他对师父说："师父啊！我总是烦恼，爱生气，请您开示开示我吧！"

老和尚说："你先去集市买一袋盐。"

小和尚买回来后，老和尚吩咐道："你抓一把盐放入一杯水中，待盐溶化后，喝上一口。"小和尚喝完后，老和尚问："味道如何？"

小和尚皱着眉头答道："又咸又苦。"

然后，老和尚又带着小和尚来到湖边，吩咐道："你把剩下的盐撒进湖里，再尝尝湖水。"弟子撒完盐，弯腰捧起湖水尝了尝，老和尚问道："什么味道？"

"纯净甜美。"小和尚答道。

"尝到咸味了吗？"老和尚又问。

"没有。"小和尚答道。

老和尚点了点头，微笑着对小和尚说道："生命中的痛苦就像盐的咸味，我们所能感受和体验的程度，取决于我们将它放在多大的容器里。"小和尚若有所悟。

老和尚所说的容器，其实就是我们的心量，它的"容量"决定了痛苦的浓淡，心量越大烦恼越轻，心量越小烦恼越重。心量小的人，容不得，忍不得，受不得，装不下大格局。有成就的人，往往也是心量宽广的人，看那些"心包太虚，量周沙界"的古圣大德，都为人类留下了丰富而宝贵的物质财富和精神财富。

其实，我们每个人一生中总会遇到许多盐粒似的痛苦，它们在苍白的心境下泛着清冷的白光，如果你的容器有限，就和不快乐的小和尚一样，只能尝到又咸又苦的盐水。

一个人的心量有多大，他的成就就有多大，不为一己之利去争、去斗、去夺，扫除报复之心和嫉妒之念，则心胸广阔天地宽。当你能把虚空宇宙都包容在心中时，你的心量自然就能如同天空一样广大。无论荣辱悲喜、成败冷暖，只要心量放大，自然能做到风雨不惊。

寒山曾问拾得："世间有人谤我、欺我、辱我、笑我、轻我、贱我、骗我，如何处之？"拾得答道："只要忍他、让他、避他、由他、耐他、敬他、不理他，再过几年，你且看他。"如果说生命中的痛苦是无法自控的，那么我们唯有拓宽自己的心量，才能获得人生的愉悦。通过内心的调整去适应、去承受必须经历的苦难，从苦涩中体味心量是否足够宽广，从忍耐中感悟暗夜中的成长。

心量是一个可开合的容器，当我们只顾自己的私欲，它就会愈缩愈小；当我们能站在别人的立场上考虑，它又会渐渐舒展开来。若事事斤斤计较，便把自心局限在一个很小的框框里。这种处世心态，既轻薄了自身的能力，又轻薄了自己的品格。

心量是大还是小，在于自己愿不愿意敞开。一念之差，心的格局便不一样，它可以大如宇宙，也可以小如微尘。我们的心，要和海一样，任何大江小溪都要容纳；要和云一样，任何天涯海角都愿遨游；要和山一样，任何飞禽走兽，都不排拒；要和土地一样，任何脚印车轨，都能承担。这样，我们才不会因一些小事而心绪不宁、烦躁苦闷！

把心打开吧，用更宽阔的心量来经营未来，你将拥有一个别样的人生！

※ 心不怨恨则宽容，心存善良则美好

我们常常在自己的脑子里预设一些规定，以为别人应该有什么样的行为，如果对方违反规定就会引起我们的怨恨。其实，因为别人对"我们"的规定置之不理就感到怨恨，是一件十分可笑的事。大多数人都一直以为，只要我们不原谅对方，就可以让对方得到一些教训，也就是说，只要我不原谅你，你就没有好日子过。而实际上，不原谅别人，表面上是那人不好，其实真正倒霉的人却是我们自己，生一肚子窝囊气不说，甚至连觉都睡不好。这样看来，报复不仅不能让我们实现对别人的打击，反倒对自己的内心也是一种摧残。

有一位好莱坞的女演员，失恋后，怨恨和报复心使她的面容变得僵硬而多皱，她去找一位最有名的美容师为她美容。这位美

容师深知她的心理状态，中肯地告诉她："你如果不消除心中的怨和恨，对他人多一点儿包容，我敢说全世界任何美容师也无法美化你的容貌。"

对待自己的最好方式唯有宽容，宽容能抚慰你暴躁的心绪，弥补不幸对你的伤害，让你不再纠缠于心灵毒蛇的咬噬中，从而获得自由。

生活中，我们难免与别人产生误会、摩擦。如有的伤了自己的面子，有的让自己下不了台，有的当众给了自己难堪，有的对自己有成见，等等。如果不注意，仇恨在心底悄悄滋长，你的心灵就会背负上报复的重负而无法获得自由。

乔治·赫伯特说："不能宽容的人损坏了他自己必须去过的桥。"这句话的智慧在于，宽容使给予者和接受者都受益。当真正的宽容产生时，没有疮疤留下，没有伤害，没有复仇的念头，只有愈合。宽容是一种医治的力量，不仅能医治被宽容者的缺陷，还可以挖掘出宽容者身上的伟大之处，正如美国作家哈伯德所说："宽容和受宽容的难以言喻的快乐，是连神明都会为之羡慕的极大乐事。"

1944年冬天，苏军已经把德军赶出了国门，上百万的德国兵被俘虏。一天，一队德国战俘从莫斯科大街上穿过，所有的马路上都挤满了人。她们每一个人，都和德国人有着一笔血债。

妇女们怀着满腔仇恨，当俘虏出现时，她们把手攥成了拳头。

士兵和警察们竭尽全力阻挡着她们,生怕她们控制不住自己。

这时,最令人意想不到的事情发生了:一位上了年纪的犹太妇女,从怀里掏出一个用印花布方巾包裹的东西。里面是一块黑面包,她不好意思地把它塞到一个疲惫不堪的、几乎站不住的俘虏的衣袋里。

她转过身对那些充满仇恨的同胞们说:"当这些人手持武器出现在战场上时,他们是敌人。可当他们解除了武装出现在街道上时,他们是跟所有别的人,跟'我们'和'自己'一样的人。"

于是,整个气氛改变了。妇女们从四面八方一齐拥向俘虏,把面包、香烟等各种东西塞给这些战俘。

仇恨是带有毁灭性的情感,只会激化矛盾,酿成大祸。宽容的心却能轻易将恨意化解,让紧张的气氛化成脉脉温情。能将宽容之心给予敌人,已经可以称得上圣洁了,即便只是一个贫苦的犹太老妇人,也完全担得起"伟大"两个字。

人生总有存在的意义,如果只为一个仇恨的目的而生存,那么仇恨会毁掉你的心智、迷惑你的眼睛、吞噬你的心灵。报复是一把"双刃剑",它不但会伤害到别人,还会使你自己落入恨的陷阱,恨会使你看不到人间的关爱与温暖,即使在夏日也只能感受到严冬般的寒冷。

既然我们都举目共望同样的星空,既然我们都是同一星球的旅伴,既然我们都生活在同一片蓝天下,那我们为什么还总是彼此为敌呢?请不要忘记世间唯有两个字可使你和他人的生活多姿多彩，那就是宽容。

※ 不要为旧的悲伤，浪费新的眼泪

为了采集眼前将逝的花朵而花费太多的时间和精力是不值得的，道路还长，前面还有更多的花朵，吸引我们一路走下去。

我们生活在现在，面向着未来，过去的一切，都被时间之水冲得一去不复返。所以，我们没有必要念念不忘曾经的那些不愉快、那些与别人的仇怨。念念不忘，只能被它腐蚀，而变得更加憎恨和怨怼。

文学大师鲁迅笔下的祥林嫂，心爱的儿子被狼叼走后，痛苦得心如刀剜，她逢人就诉说自己儿子的不幸。起初，人们对她还寄予同情。但她一而再、再而三地讲，周围的人们就开始厌烦，她自己也更加痛苦，以致麻木了。老是向别人反复讲述自己的痛苦，就会使自己久久不能忘记心里的这些痛苦，更长久地受到痛苦的折磨。

当然，我们不是主张完全不去看它，采取逃避的态度。而是说，一方面，情感不要长久地停留在痛苦的事情上；另一方面，我们的理智应当多在挫折和坎坷上寻找突破口，力争克服它、解决它。

学会忘记可以使我们真正放下心中的烦恼和不平衡的情绪。让我们在失意之余，有机会喘一口气，恢复体力。

哲人康德是一位懂得忘怀之道的人，当有一天发现他最信赖又依靠的仆人兰佩,一直有计划地偷盗他的财物时,便把他辞退了。但康德又十分怀念他。于是,他在日记上写下悲伤的一行:"记住!要忘掉兰佩!"

真正说来,一个人并不那么容易忘掉伤心的往事。不过,当它浮现时,我们必须懂得不陷于悲伤的情绪,必须提防自己再度陷入愤恨、恐惧和无助的哀愁里。这时,最好的方法就是扭转念头去专心工作,计划未来,或者去运动、旅行。有一首禅诗说:

春有百花秋有月,夏有凉风冬有雪。
若无闲事挂心头,便是人间好时节。

一个人如果学习了忘怀之道,不愉快便自然消失,代之而起的是朝气蓬勃的新生,成功将发出耀眼的光辉。有许多事情,遗忘是一种解脱,是心灵的净化,是伤口痊愈的良药。

一位风烛残年的老人在日记簿上记下了这段生命的醒悟:

如果我可以从头活一次,我要尝试更多的错误。我不会总朝后看,而不看未来的路。我情愿多休息,随遇而安,处世糊涂一点,不对已经发生的事难过或者伤悲。其实人生那么短暂,实在不值得花时间不停地缅怀过去。

可以的话,我会朝未来的道路前行,去自己没去过的地方,多旅行,跋山涉水,危险的地方也不怕去一去。以前我经常因为已经发生的些许小事情而懊恼,比如因为丢了东西而深深责备自己,一遍一遍假设要是把东西事先交给××就好了,然后很长时间都在为丢失的东西心疼。此刻我是多么的后悔。过去的日子,我实在活得太小心,每一分每一秒都不容有失。稍微有了过失就埋怨和批评自己,还用同样的标准去对待别人,一遍一遍叨唠别人不对的地方。

如果一切可以重新开始,我不会过分在意荣辱得失,我也不会花很长的时间来诅咒那些伤害过我的人们。诅咒或者伤悲都没有改变事实,还消磨了我生命中不多的时间。我会用心享受每一分、每一秒。如果可以重来,我只想美好的事情,用这个身体好好地感受世界的美丽与和谐。还有,我会去游乐园多玩几圈木马,多看几次日出,和公园里的小朋友玩耍。

如果人生可以从头开始……但我知道,不可能了。

人生没有很多如果,人的生命和时间总是有限的,当你看完老人的日记以后也许就能明白为什么很多老人总是会有一副安详的表情,不急不躁,不过喜也不大悲,因为他们懂得时间的宝贵,把珍贵的时间用来感伤过去,那是在浪费生命。忘记过去,生命应该有更好的价值可以实现。

第三章

习惯千差万别，未来天壤之别

※ 播下一种习惯，收获一种命运

有专家指出，一个人的日常活动，90％已通过不断地重复某个动作，在潜意识中，转化为程序化的惯性，也就是不用思考，便自动运作。这种自动运作的力量，即习惯的力量。一个动作，一个行为，多次重复，就能进入人的潜意识，变成习惯性动作。人的知识积累和才能增长、极限突破，等等，都是习惯性动作、行为不断重复的结果。

在我们的身上，好习惯与坏习惯并存，我们要改变自己的命运，走向成功，最重要的在于改变不良的习惯，培养并凭借好习惯的力量去搏击风浪。

养成一个好习惯，会使人受益终生；而形成一个不好的习惯，则可能会在不经意间害了自己一生。其实不论是大事还是小事都是如此，小问题在某种程度上说，有时确实还没有导致大问题的形成，"千里之堤，溃于蚁穴"，应是这个道理。

烦恼难断，而去除习气更难。坏的习惯使我们终生受患无穷。譬如，一个人脾气暴躁，出口伤人，习以为常，没有人缘，做事也就得不到帮助，成功的希望自然减少了。有的人养成吃喝嫖赌的恶习，倾家荡产、妻离子散，把幸福的人生断送在自己的手中。更有一些人招摇撞骗、背信弃义，结果虽然骗得一时的享受，但是却把自己孤立于众人之外，让大家对他失去了信任。

现在有些不良的青少年，虽然家境颇为富裕，但是却染上坏习惯，以偷窃为乐趣，进而做出杀人抢劫的恶事，不但伤害了别人，也毁了自己。

坏习惯如同麻醉药，在不知不觉中会腐蚀我们的心灵，蚕食我们的生命，毁灭我们的幸福，怎么能够不谨慎戒备！

习惯的形成会导致良性循环与恶性循环，好习惯多了自然形成良性循环；而坏习惯多了会渐渐形成恶性循环。

人的一生都受日常习惯的影响，好的习惯、积极的习惯，会造就一个人好的结局。

有些人过于在意那些优秀的强者表现出来的天赋、智商、魅力和工作热情，实际上我们把那些表现归纳分析，就会发现实际上存在一个简单的要点：那就是习惯。

无论我们是否愿意，习惯总是无孔不入，渗透在我们生活的方方面面。很少有人能够意识到，习惯的影响力竟如此之大。

人们日常活动的90％源自习惯和惯性。想想看，我们大多数的日常活动都只是习惯而已。我们几点钟起床，怎么洗澡、刷牙、穿衣、读报、吃早餐、驾车上班，等等，一天之内上演着几百种习惯。然而，习惯还并不仅仅是日常惯例那么简单，它的影响十分深远。如果不加控制，习惯将影响我们生活的所有方面。

小到啃指甲、挠头、握笔姿势以及双臂交叉等微不足道的事，大到一些关系到身体健康的事，比如，吃什么，吃多少，何时吃，运动项目是什么，锻炼时间长短，多久锻炼一次，等等。甚至我们与朋友交往，与家人和同事如何相处都是基于我们的习惯。再说得深一点，甚至连我们的性格都是习惯使然。既然习惯影响人的一生，我们就应该静下来思考一下，把自己身上的习惯进行归纳分类，发扬好的，抛弃坏的，使习惯成为我们成功路上的正能量。

※ 习惯能成就一个人，也能毁灭一个人

成功者之所以成功，不是因为他们有着多么高的天赋和超常的才能，而是因为他们有着良好的习惯，并善于用良好的习惯来提高自己的工作效率，进而提高自己的生活品质。他们发现，好习惯能改变命运，使自己过上充实的生活；好习惯能使身心健康，邻里和睦，家庭幸福美满。这一切都来源于好习惯的力量。

一家大图书馆被烧之后，只有一本书被保存了下来，但并不是一本很有价值的书。一个识得几个字的穷人用几个铜板买下了

这本书。这本书并不怎么有趣，但这里面却有一个非常有趣的东西，那是窄窄的一条羊皮纸，上面写着"点金石"的秘密。

点金石是一块小小的石子，它能将任何一种普通金属变成纯金。羊皮纸上的文字解释说，点金石就在黑海的海滩上，和成千上万的与它看起来一模一样的小石子混在一起，但秘密就在这儿。真正的点金石摸上去很温暖，而普通的石子摸上去是冰凉的。然后，这个人变卖了他为数不多的财产，买了一些简单的装备，在海边扎起帐篷，开始检验那些石子。这就是他的计划。

他知道，捡起一块普通的石子并且因为它摸上去冰凉就将其扔掉，他有可能几百次地捡拾起同一种石子。所以，当他摸着石子冰凉的时候，就将它扔进大海里。他这样干了一整天，却没有捡到一块是点金石的石子。然后他又这样干了1个星期、1个月、1年、3年……他还是没有找到点金石。然而他继续这样干下去，捡起一块石子，是凉的，将它扔进海里，又去捡起另一块，还是凉的，再把它扔进海里，又一块……

但是有一天上午他捡起了一块石子，而且这块石子是温暖的……他把它随手就扔进了海里。他已经形成了一种习惯——把他捡到的石子扔进海里。他已经如此习惯于做扔石子的动作，以至于当他真正想要的那一个到来时，他也还是将其扔进了海里。

习惯是一种顽强的力量，它可以主宰人的一生。因此，我们每个人都要养成良好的习惯，无论从学习到工作，从为人到处世，在我们生活的各个方面，如果养成良好的习惯，你就会受益终身。

或许你习惯了懒懒散散、心灰意懒地过日子，或许你对抽烟、酗酒、拖延、懒惰等坏习惯熟视无睹，那么你就不要再慨叹生活对你的不公，你就不要说梦想很难实现，更不要说你的经历都很倒霉。归根结底这一切都是你的坏习惯在作祟。如果你永远抱着这种坏习惯不放，却还在想着成功，那真是难于上青天。

※ 跳出你的习惯

　　旧的习惯被破除，新的习惯又在产生，只是我们深信："创新是创新者的通行证，习惯是习惯者的墓志铭。"

　　习惯是一种思维定式，习惯是一种行动的本能。我们习惯在早已习惯的轨道上滑行，我们习惯在习惯的人与事中穿梭。这种轻车熟路的感觉让人安逸舒适，这种美好愉悦的心境让人一路上看到的净是良辰美景。

　　我们不想改变，因为我们曾经成功过；我们不想改变，因为我们曾经受益于这些宝贵的经验。我们在习惯中自我陶醉，在习惯中慢慢老去……

　　但有一天，当掌声越来越稀少、鲜花越来越暗淡，在行走的道路上出现了不可逾越的高墙时，你才蓦然发现，你曾经的骄傲早已荡然无存。

　　曾经的经验变成了桎梏，昔日的模式已经过时。检讨自己，你会发现很多的失误源自你的习惯、你的固守。

　　我们曾经习惯靠指标生产，习惯靠粮票吃饭，习惯"一张报纸一支烟，一杯浓茶耗半天"的悠闲岁月。但"社会主义市场经济"的概念，促使我们彻底改变了旧有的习惯，我们开始学会在竞争中生存，开始学会在市场中觅食。我们的命运因此而改变。

我们曾经习惯用狂轰滥炸的广告打开市场销路，习惯在酒桌上赢得订单，习惯个人英雄主义式的决策与决断，习惯身先士卒，事无巨细的工作作风……不可否认的是，这些习惯并没有妨碍你企业的成长。但是，当这些习惯不再与社会的发展产生共振，当这些习惯越来越成为你企业发展的"肠梗阻"时，你必须跳出你的习惯，避免在一条道上走到黑的困境和尴尬。

尽管改变我们的习惯有困难甚至是痛苦，你也别再为自己的习惯堆砌无数的理由和美妙的词句。因为，在习惯与创新的碰撞面前，你别无选择。

※ 成功从良好的习惯开始

孔子说："性相近也，习相远也。""少成若天性，习惯成自然。"意思是说，人的本性是很接近的，但由于习惯不同便相去甚远；小时候培养的品格就好像是天生就有的，长期养成的习惯就仿佛呼吸一般自然。

成功是从良好的习惯开始的，习惯成自然，从小养成的习惯可以比较轻松、毫不费力地做到。

富兰克林在他27岁的时候就为自己写下了13条生命中必须具备的美德作为座右铭。每天，他都拿出1条来评价自己的行为，而且一星期连续7天都力行同一条美德，以作为人生准则。13条美德分别在13周完成一个轮回，就这样日复一日，他扎扎实实执行了50年。在77岁的时候，富兰克林回顾一生，认为在57岁时就与自己列的美德比较接近了。

富兰克林真正智慧的地方不是他的13条美德，而是他意识到良好习惯的养成绝非一朝一夕，只要将人生美德或者人生方向变成习惯性的动作就会成为自己理想中的成功之人。舞蹈皇后杨丽萍从小喜欢舞蹈，每次在学习之后都要求自己重复练习10次以上。日复一日，年复一年，这种习惯伴随她10年，10年之后她成功了。

美国NBA篮球巨星迈克·乔丹，连续7年每天坚持练习500次基本动作，这种习惯使他成为空中飞人。

如果有条有理是一种成功的表现的话，那么，只要养成物归原位的习惯，成功自然就会水到渠成。

如果待人以诚是拓展人际关系的最佳策略，那么，把真诚变成自己的习惯，在与人交往中自然流露出真诚，人际关系就会越来越融洽。

例如，礼貌是一种好习惯，走到哪里都能够彬彬有礼、以礼相待的人一定会深受欢迎，拥有这种习惯的人则容易成功，相反，无礼就是一种坏习惯。

微笑是一种习惯，可以预先消除许多不必要的怨气，化解许多不必要的争执，而老是板起面孔的人走到哪里都会制造紧张的气氛。

※ 微笑是最好的习惯

史密斯是韩国一家小有名气的公司总裁，十分年轻。他几乎具备了成功男人应该具备的所有优点：他有明确的人生目标，有不断克服困难、超越自己和别人的毅力与信心；他大步流星、雷厉风行，办事干脆利索、从不拖沓；他的嗓音深沉圆润，讲话切中要害；而且他总是显得雄心勃勃，富有朝气。他对于生活的认真与投入是有口皆碑的，而且，他对待同事们也很真诚，讲求公平对待，与他深交的人都为拥有这样一个好朋友而自豪。

但初次见到他的人却对他少有好感，这令熟知他的人大为吃惊。为什么呢？仔细观察后才发现，原来他几乎没有笑容。

他深沉严峻的脸上永远是炯炯的目光、紧闭的嘴唇和紧咬的牙关，即便在轻松的社交场合也是如此。他在舞池中优美的舞姿几乎令所有的女士心动，但却很少有人同他跳舞。公司的女员工见了他更是畏如虎豹，男员工对他的支持与认同也不是很多。而事实上他只是缺少了一样东西，一样足以致命的东西——一副动人的微笑面孔。

一个人的面部表情亲切、温和、充满喜气，远比他穿着一套高档、华丽的衣服更吸引人注意，也更容易受人欢迎。

现实的工作、生活中，一个人对你满面冰霜、横眉冷对，另一个人对你面带笑容、温暖如春，他们同时向你请教一个工作上的问题，你更欢迎哪一个？当然是后者，你会毫不犹豫地对他知无不言，言无不尽，问一答十；而对前者，恐怕就恰恰相反了。

下面的这个例子就充分体现了微笑的力量。

"我为了替公司找一个电脑博士几乎伤透脑筋，最后我找到一个非常好的人选，刚刚从名牌大学毕业。几次电话交谈后，我知道还有几家公司也希望他去，而且都比我的公司大，比我的公司有名。当他表示接受这份工作时，我真的是非常高兴也非常意外。他开始上班后，我问他，为什么放弃其他更优厚的条件而选择我们公司？他停了一下，然后说：'我想是因为其他公司的经理在电话里是冷冰冰的，商业味很重，那使我觉得好像只是一次生意上的往来而已。但你的声音，听起来似乎真的希望我能成为你们公司的一员。因为我似乎看到，电话的那一边，你正在微笑着与我交谈。你可以相信，我在听电话的时候也是笑着的。'"

说话的是史密斯公司的总经理。

的确，如果说行动比语言更具有力量，那么微笑就是无声的行动，它所表示的是：我很满意你、你使我快乐、我很高兴见到你。"笑容是结束说话的最佳'句号'。"这话真是不假。

对人微笑是一种文明的表现，它显示出一种力量、涵养和暗示。一个刚刚学会微笑的中年领导干部说："自从我开始坚持对同事微笑之后，起初大家非常迷惑、惊异，后来就是欣喜、赞许，两个月来，我得到的快乐比过去一年中得到的满足感与成就感还要多。现在，我已养成了微笑的习惯，而且我发现人人都对我微笑，过去冷若冰霜的人，现在也热情友好起来。上周单位搞民主评议，我几乎获得了全票，这是我参加工作这么多年来从未有过的大喜事！"

有微笑面孔的人，就会有希望。因为一个人的笑容就是他好意的信使，他的笑容可以照亮所有看到它的人。没有人喜欢帮助那些整天皱着眉头、愁容满面的人，更不会信任他们。而对于那些承受着上司、同事、客户或家庭的压力的人，一个笑容却能帮助他们了解一切都是有希望的，也就是世界是有欢乐的。只要活着、忙着、工作着，就不能不微笑。

※ 给不良习惯找个"天敌"

意识产生动机，动机产生行为，这需要有动力。改变习惯同样需要有动力，动力来自哪里？动力有哪几种呢？

一个智者把3个胆量不同的人领到了山涧的旁边，跟他们说："谁能够跳过这个山涧，我就承认谁胆子大。"第一大胆的人跳了过去，得到了智者的赞美。其他两个人不跳，这时智者拿出一块金子，说谁能够跳过去他就承认谁胆子大，第二大胆的人跳了过去。第三大胆的人还是不跳，这时此人后面出现了一头狮子，此人发现如果不跳会没命，一用力，也跳了过来。这3个人都能够跳过来，但使得他们能够跳过来的动力不同。

使人的行为发生的动力有两类：恐惧和诱因。行为发生了，是因为诱因足够；行为没有发生，是因为恐惧不够。如果一种习惯改变了，是因为诱因足够；如果一种习惯没有改变，则是因为恐惧不足。

恐惧比诱因具有更大的动力。你可以不为金钱利益所动，但是你害怕失去：害怕失去自由、害怕失去健康、害怕失去爱。所以马基雅维利说："恐惧比感激更能够维系忠诚。"

改变习惯需要动力，动力分为诱因或恐惧。不管是国外还是国内，在古代的时候，君主都是以武力来实现统治，即利用臣民对自己的恐惧达到统治的目的，而不是对臣民好一点，让他们产生感激来维系忠诚。因为感激是不可靠的，出于感激，人们只会在满足自己的情况下，再考虑对方。而恐惧就不一样了，它甚至可以让你先满足对方的要求，再考虑自己。

一个人要改变习惯真的很难，一个不喜欢学习的人要让他每天都去学习，他会觉得很不舒服。但是到了快要考试的时候，他就有了压力，考试不及格怎么办？如果考得好的话可以拿奖学金，对以后的推荐上研究生、出国、找工作都很有好处。面对恐惧和诱惑的双重影响，他就会逼着自己改变习惯，因为他有了动力。

森林公园为了保护鹿，把狼赶走了。但是一些鹿却得病而死。得病的原因是缺少运动，为什么缺少运动？因为没有了天敌——狼，所以不用奔跑了。后来森林管理人员又把狼引进了公园，这样鹿们又恢复了健康。

※ 不狠心，怎能改掉自己的恶习

我们虽有很多弱点，但我们不是弱者。积极心态的树立，将使我们很快地摆脱消极心理的阴影。要想成为一个快乐的强者，先从积极改变坏习惯开始吧。

高山滑雪是人与环境以及时间的竞赛。每当我们看到输赢之间只差极短的时间时，就会不禁摇头同情那些输家。

第一名的时间是：1 分 37 秒 22。

第二名的时间是：1 分 37 秒 25。

也就是说，冠军与平庸之间，相差的时间只是眨眼的工夫。

到底冠军与输家之间有什么不同呢？运气？也许是。但也许冠军多下了一点点功夫，多花了一点点时间。也许冠军肯下功夫对付自己的坏习惯，直到把它从自己的行为中戒除掉。这样，他在高山滑雪时少用了一点点时间，而这就足以使他成功。

你是否也有一些坏习惯呢？它们是什么？是拖拉、放纵、懒惰、邋遢、坏脾气、缺乏毅力？还是……

只要这些不良习惯存在，你就不可能有太大长进。

当你看到美元票面上的华盛顿的肖像时，看着他白色卷发映衬下那平静、自信、显示着自控能力的面庞时，你能想象出他年轻时曾有一头红发，脾气暴躁吗？

要是他没有学会靠自控力改变自己的坏习惯，那恐怕就无法成为叱咤风云、率领没有受过训练的民兵战胜乔治王军队的领袖，恐怕他也不会成为美国第一任总统。

※ 习惯改变，人生也就改变

改变是不容易的，因为对一贯的做法已经习以为常，所以，人都有一种本能地抗拒改变的倾向。但是，对于阻碍成功、妨碍前进，以及对成长形成障碍的坏习惯必须改掉，所以，理智的做法就是正视改变、迎接改变、接受改变。

有一个寓言故事说，狗家族出了一条很有志气、很有抱负的小狗，它向整个家族宣布：去横穿大沙漠！所有的狗都跑来向它表示祝贺。在一片欢呼声中，这只小狗带足了食物、水，然后上路了。3天后，突然传来了小狗不幸牺牲的消息。

是什么原因使这只很有理想的小狗牺牲生命呢？检查食物，还有很多；水不足吗？也不是，水壶还有水。后来，经过研究终于发现了小狗牺牲的秘密——小狗是被尿憋死的。

之所以被尿憋死是因为狗有一个习惯——一定要在树干旁撒尿。由于大沙漠中没有树，也没有电线杆，所以可怜的小狗一直憋了3天，终于被憋死了。

狗是如此，人呢？

狗是习惯的动物，同样人也是习惯的产物，是习惯中的高级动物。

一个人的行为方式、生活习惯是多年养成的。比如，与人交往的形式、与人沟通的方式、与人相处的模式，都是多年累积慢慢形成的，因而，要想有所改变也同样需要长时间的磨炼。

如果把一只青蛙放到80℃的热水里，青蛙会立即跳出来；如果把一只青蛙放在冷水里，然后慢慢地把冷水加热到80℃，青蛙因为习惯水温而失去了对热水的敏感，不但不跳，而且被活活煮熟也不自知。

我们必须承认，在我们的身上或多或少都有一些不好的习惯。习惯是慢慢养成的，不管我们有没有意识到，这些习惯对我们的成功无疑是构成了潜在的威胁，因此，改变是必需的。特别是在知识经济年代，外界总是瞬息万变，原来已经形成的一些习惯理所当然因为这种改变而适应不了了，如不及时调整或改变，势必对成功造成不利影响。

第四章

跟自己较量，和别人共用能量

※ 你的人际关系，决定你的未来

每个人都在追求精彩的生活，都想在人生的这个大舞台上取得成功，但不是人人都可以如愿以偿。之所以有的人能够活出自己期待的样子，得到自己想要的生活，有的人却不能，一个重要的因素就是——人际关系。

黄巾乱世之中，刘备、关羽、张飞相遇，桃园结义，成就了千古美谈，也奠定了西蜀国的根基。以后三分天下，刘备始为皇帝，关羽、张飞也成开国元勋、西蜀重臣。回头看看，刘、关、张结义之时，三人均是草民。刘备虽是汉室皇亲，却落得流浪街市，贩席为生。张飞只是一个屠夫，粗人。关羽杀人在逃，无处立身。三人结义后，彼此借势，相得益彰。董卓之乱时，吕布为枭雄。刘、关、张大战吕布,却只打成平手,可见吕布何等英雄。但吕布匹夫无助,枉自豪勇,最终为曹操所杀。而刘、关、张却彼此相仗,日益得势,最终立国树勋。

如果没有刘备、关羽、张飞的互相协助,也就不会有后来的三国鼎立的局面。在现代社会同样如此,只有人脉资源丰富的人,才能更快地获得成功、得天下。

我们都知道比尔·盖茨之所以能成为世界巨富,是因为他掌握了世界的大趋势和他在电脑上的智慧与执着。其实,比尔·盖茨之所以成功,除这些原因之外,还有一个关键的因素,那就是比尔·盖茨的人际关系资源相当丰富。

首先,比尔·盖茨利用自己亲人的人际关系资源。

比尔·盖茨20岁时签到了第一份合约,这份合约是跟当时全世界第一强的电脑公司——IBM签的。

当时,他还是位在大学读书的学生,根本不会有太多的人脉资源。那么他怎能钓到这么大的"鲸鱼"?原来,比尔·盖茨之所以可以签到这份合约,中间有一个十分关键的中介人——比尔·盖茨的母亲。比尔·盖茨的母亲是IBM的董事,妈妈介绍儿子认识自己的董事长,这不是很理所当然的事情吗?假如当初比尔·盖茨没有签到IBM这个大单,顺利地掘到第一桶金,迈出进军IT业的第一步,相信他今天绝对不可能拥有几百亿美元的个人资产。

其次,利用合作伙伴的人际关系资源。

比尔·盖茨最重要的合伙人——保罗·艾伦及史蒂夫·鲍尔默不仅为微软贡献了他们的聪明才智，也贡献了他们的人际关系资源。1973年，盖茨考进哈佛大学，与现任微软CEO的史蒂夫·鲍尔默结为了好朋友，并与艾伦合作为第一台微型计算机开发了BASIC编程语言的第一个版本。大三时，盖茨从哈佛大学退学，投入到和孩提时的好友保罗·艾伦创建的微软公司，开发个人计算机软件。合作伙伴的人际关系资源使微软能够找到更多的技术精英和大客户。1998年7月，史蒂夫·鲍尔默出任微软总裁，随即亲往美国硅谷约见自己熟知的10个公司的CEO，劝说他们与微软成为盟友。这一行动为微软扩大市场扫除了许多障碍。

再者，发展国外的朋友，让他们去调查以及开拓国外的市场，常常会比微软自己王婆卖瓜的方式更加有效。比尔·盖茨有一个非常要好的日本朋友叫西和彦。他为比尔·盖茨讲解了很多日本市场的特点，并开发了第一个日本个人电脑项目，以此来开辟日本市场。

同时，比尔·盖茨雇用非常聪明、有潜力的人来一起工作。比尔·盖茨说："在我的事业中，我不得不说我最好的经营决策是必须挑选人才，拥有完全信任的人，可以委以重任的人，可以为你分担忧愁的人。"

那些成大事者，有些固然是天赋异禀、可恃才傲物之辈，但更多的还是朋友遍天下、行走可借力的人。人有智商、情商，自然可以拓展人际关系、聚拢无穷人气、成就非凡人望，进而获得成功。有了强大的人心所向，何愁不能成就一番事业。无论是在古代还是在现在，得人缘者才能得天下。

※ 社会不需要独行侠，单打独斗早晚要摔跟头

创业已经成为年轻人毕业后的重要就业途径之一，创业人群也越来越年轻化。对于年轻人来说，最重要的创业经验就是要避免创业中的硬伤——单打独斗，特立独行。"君子生非异也，善假于物也。"孤掌难鸣，独木不成桥。

当今社会是一个人际交往频繁的社会、一个合作的社会，没有谁能不依靠任何人即在社会上存活，更没有人可以只凭一己之力就获得成功。

每当秋天来临，大雁南飞的时候，为什么整齐的雁群一会儿排成人字形，一会儿又排成了一字形？因为这是最省力的团队飞翔方式。

雁群以一字形或人字形列阵飞翔时，后一只大雁的一翼能够借助前一只大雁鼓翼时产生的空气动力，使飞行省力。当飞行一段距离后，左右交换位置是为了使另一侧的羽翼也能借助空气动力缓解疲劳。

这样，消耗同样的体力，雁群飞翔比孤雁单飞增加了70%的飞行距离。而当一只孤雁即将脱离队伍时，它马上就会感到有股动力阻止它离开，借着前一个伙伴的"支持力"，它很快就能回到

队伍中。

更重要的，当一只大雁生病了，或是因枪击而受伤脱队时，另外两只大雁就会主动脱队跟随它，帮助并保护它。它们跟着落下的那只大雁一起落到地面，直到它能够再次飞翔或者死去，另外两只大雁才会飞走，或随着另一队大雁赶上它们自己的队伍。

正是由于为了共同的目标而相互协作，雁群才能够越过万水千山，最终回到它们的栖息地。

像大雁一样，人同样是群体的动物，离开了群体，人就不能健康成长。

群居是人类的特性，现代人同样离不开群体，而且群体的组织形式也越来越发达。除家庭、社区外，还有学校、工厂、公司、军队、政府部门等具有严密组织的社会群体。随着现代社会分工越来越细，社会作为功能交换的体系越来越发达。个人对群体的依赖虽然如旧，但个人对群体的选择性却越来越强。通过对群体的选择和确定，个人可以不断发掘自己的潜力，发挥自己的才能，拓展自己的发展空间。

信息社会的一大特点是人与人之间的联系交流增多，人们可以通过各种途径增加交往的机会。发达的交通工具、便捷的通讯网络等都让人与人之间的交往成为可能。而年轻人适应社会和认识社会最好的方法就是加入某个社会群体，承担社会责任，与社会相融合。只要你想生存，你想成功，你就离不开合作。

雁群的事例告诉我们，单打独斗很难达到我们的最终目的。

只有多与他人合作，才能少摔跟头，早日到达我们的目的地。

不仅在动物界如此，精诚合作、集思广益对于人类来说也是很了不起的。它不仅可以创造奇迹，开辟前所未有的新的天地，也能激发人类的潜能，即使面对人生再大的挑战都不畏惧。

※ 人在社会中，独木难成林

一堆沙子是松散的，可是它和水泥、石子、水混合后，却比花岗岩还坚硬。

《水浒传》中，梁山好汉分工明确，有总指挥，有总策划，有管后勤的，有管保养的，有专门作战的勇士。在作战的群体中，也有打先锋的，有打主力的，有接应的，甚至还有探路的、养马的、治病的、看管犯人的、写书的、送信的……所有人各司其职，才能让梁山军马威震天下。

在各路好汉没上梁山之前，尽管都身怀绝技，但是谁也不能很好地生存下去，就是因为缺少合作。只有在一个统一的平台上，分工协作，才能将各自的优势发挥出来，才可能成就一番事业。

一个出色的球队，并不是几个大腕球星就能支撑起来的，取得好成绩还需要一个好教练，需要提供大量资金的老板，需要坚实稳定的替补球员。

芝加哥公牛队的辉煌和没落正说明了这一点。乔丹、皮彭以及当年公牛队的其他成员解散后，都没有什么太好的表现，只有他们在一起的时候，才能创造三连冠的神话。

哲学家叔本华曾经说过:"单个的人是软弱无力的,就像漂流的鲁滨孙一样,只有同别人在一起,他才能完成许多事业。"而科学家卢瑟福也说过:"科学家不是依赖于个人的思想,而是综合了几千人的智慧,所有的人想一个问题,并且每人做它的部分工作,添加到正建立起来的伟大知识大厦之中。"

国内有一家合资企业招聘中层管理人员,12名优秀的应聘者经过初试,从上百人中脱颖而出,闯进了由公司经理把关的复试。

经理看过这12个人详细的资料和初试成绩后相当满意。但是,此次招聘只能录取4个人,所以,经理给大家出了最后一道题。经理把这12个人随机分成甲、乙、丙三组,指定甲组的4个人去调查本市婴儿用品市场,乙组的4个人调查妇女用品市场,丙组的4个人调查老年人用品市场。经理解释说:"我们录取的人是用来开发市场的,所以,你们必须对市场有敏锐的观察力。让大家调查这些行业,是想看看大家对一个新行业的适应能力,每个小组的成员务必全力以赴!"临走的时候,经理补充道:"为避免大家盲目开展调查,我已经叫秘书准备了一份相关行业的资料,走的时候自己到秘书那里去取!"

3天后,12个人都把自己的市场分析报告送到了经理那里。经理看完后,站起身来,走向丙组的4个人,分别与之一一握手,并祝贺道:"恭喜4位,你们已经被本公司录取了!"经理看见大家疑惑的表情,呵呵一笑,说:"请大家打开我叫秘书给你们的资料,互相看看。"原来,每个人得到的资料都不一样,甲组的4个人得到的分别是本市婴儿用品市场过去、现在和将来的分析，其他两组的也类似。经理说："丙组的4个人很聪明，互相借用了对方的资料，补全了自己的分析报告。而甲、乙两组的8个人却分别行事，抛开队友，各干各的。我出这样一个题目，其实最主要的目的是想看看大家的团队合作意识。甲、乙两组失败的原因在于，你们没有合作，忽视了队友的存在。要知道，团队合作精神才是现代企业成功的保障！"

现代社会是一个崇尚分工合作的社会，一个人的能力再强，也不能包打天下，对于个人来讲，明智且能获得成功的捷径就是充分利用团队的力量。

微软中国研发部的总经理张湘辉博士说："如果一个人是天才，但其团队合作精神比较差，这样的人我们不要。中国IT业有很多年轻聪明的人才，但团队精神不够，所以每个简单的程序都能编得很好，但编大型程序就不行了。微软开发WindowsXP时有500名工程师奋斗了两年，有5000万行编码。软件开发需要协调不同类型、不同性格的人员共同奋斗，缺乏领军型的人才、缺乏合作精神是难以成功的。"

随着知识经济的到来，竞争日趋紧张激烈，各种新技术、新知识不断涌现，市场化需求越来越多样化，使得现代企业管理面临的环境和情况越来越复杂。在很多时候，单靠一个人的力量是难以完成对各种错综复杂信息的处理和解决的，更不可能采取切实、高效的行动，这就需要依赖组织成员之间的相互合作、相互关联、协调行动，以解决各种复杂的难题，保持组织的应变能力和源源不断的创新能力。

人是群居性的动物，每个人都在社会这个大家庭中生活，彼此隔绝是不可能的，每个人都需要团队，每个人都需要合作。"滴水不成海，独木难成林"，只有团队之间真正地合作，才会汇成一股强大的力量，推动实现最终的目标。

※ 成功人士的共同特征：善于向他人求助

一个人不能单凭自己的力量完成所有的任务，战胜所有的困难，解决所有的问题。须知借人之力也可成事，善于借助他人的力量，既是一种技巧，也是一种智慧。

《圣经》中有这样一则故事：

当摩西率领子孙们前往上帝那里要求赠予他们领地时，他的岳父杰罗塞发现，摩西的工作实在超过他所能负荷的。如果他一直这样的话，不仅仅是他自己，大家都会有苦头吃。于是杰罗塞就想办法帮助摩西解决问题。他告诉摩西，将这群人分成几组，每组1000人，然后再将每组分成10个小组，每组100人，再将100人分成两组，每组50人。最后，再将50人分成5组，每组10个人。然后杰罗塞告诫摩西，要他让每一组选出一位首领，而且这个首领必须负责解决本组成员所遇到的任何问题。摩西接受了建议，并吩咐负责1000人的首领，只有他才能将那些无法解决的问题告诉自己。自从摩西听从了杰罗塞的建议后,他就有足够的时间来处理那些真正重要的问题,而这些问题大多数只有他自己才能够解决。简单一点说,杰罗塞教给摩西的,其实就是要善于利用别人的智慧,善于调动集体的智慧,用别人的力量帮助自己克服难题。

很多事情就是这样的,当我们无力去完成一件事时,不妨向身边可以信任的人求助,也许对我们来说费力不讨好的事情,对他们来说却可能不费吹灰之力就能轻松"搞定"。与其自己苦苦追寻而不得,不如将视线一转,呼唤那些有能力解决问题的人,这样赢取胜利的过程自然会顺利不少。

一个小男孩在沙滩上玩耍。他身边有他的一些玩具——小汽车、货车、塑料水桶和一把亮闪闪的塑料铲子。他在松软的沙滩上修筑公路和隧道时,发现一块很大的岩石挡住了去路。

小男孩企图把它从泥沙中弄出去。他是个很小的孩子,那块岩石对他来说相当巨大。他手脚并用,使尽了全身的力气,岩石却纹丝不动。小男孩一次又一次地向岩石发起冲击,可是,每当他刚把岩石搬动一点点的时候,岩石便又随着他的稍事休息而重新返回原地。小男孩气得直叫,使出吃奶的力气猛推猛挤。但是,他得到的唯一回报便是岩石滚回来时砸伤了他的手指。最后,他筋疲力尽,坐在沙滩上伤心地哭了起来。

这整个过程,他的父亲在不远处看得一清二楚。当泪珠滚过孩子的脸庞时，父亲来到了他的跟前。父亲的话温和而坚定："儿子，你为什么不用上所有的力量呢？"男孩抽泣道："爸爸，我已经用尽全力了，我已经用尽了我所有的力量！""不对，"父亲亲切地纠正道，"儿子，你并没有用尽你所有的力量，你没有请求我的帮助。"说完，父亲弯下腰抱起岩石，将岩石扔到了远处。

可见，不要羞于向强者求助，有时对自己来说是天大的难事，对强者而言不过只需要动动手指头。甚至在另外一些时候，即使是敌人，也可为己所用。

借人之力，利用他人为自己服务，以让自己能够高居人上，这是一个人很难能可贵的地方。尤其对自己所欠缺的东西，更需要多方巧借。善于借助别人的力量，善于利用别人的智慧，广泛地接受多家的意见，多和不同的人聊聊自己的构想，多倾听别人的想法，多用点脑子来观察周遭的事物，多静下心来思考周遭发生的一些现象，将让你受益匪浅。

正如奥地利著名作家斯蒂芬·茨威格说的："一个人的力量是很难应付生活中无边的苦难的。所以，自己需要别人帮助，自己也要帮助别人。"所谓孤掌难鸣，独木不成桥，在这个世界上没有完美的人，巧妙地借助他人的力量为我所用，自然会有事半功倍的效果。

※ 做事能力只给你一种机会，
而交际能力却给你一百种机会

　　当你刚刚从学校毕业，好不容易找到一份工作后，你首先想到的一定是：我要努力工作，认真做事。不错，你的想法很好，年轻人就是要多做事，才能积累工作经验，但是在做事的同时，你千万不要忘了做人。不要只顾埋头苦干，而与身边的人甚至是你的上司毫无沟通。

　　如果你这样做，用不了多久，你的工作成绩也许会让你继续留在公司工作，但是你一定会觉得有些孤独。不要觉得其他人是因为你是新人而在排挤你，事实上是你自己缺乏主动，没有结交朋友的诚心和热情，别人自然是不会主动去接纳你的。

　　再过一段时间，如果你依然不改善你的人际关系，当你的工作需要同事们协助才能开展的时候，你就会觉得自己的力量是多么有限。很多事情是你一个人无法去完成的，即使你的能力再强，再优秀。

　　简单地说，这有点像你在评选三好学生，成绩完全符合要求，可惜你在班上没什么人缘，甚至得罪了一些同学，那么你肯定是评不上三好学生的，因为同学选举这关你就过不去。你只能是个成绩不错的学生，而失去了成为三好学生的机会。在学校，我们固然可以放弃一些机会，但是到了社会上，如果你还是保持这样的做人的态度，那么你失去的机会将会很多很多。

　　学会处理与周围人的各种人际关系，你才能逐步建立起属于你自己的人际关系,才能赢得更多的发展机会。也只有将人际关系处理好了,你才能在新环境中做到游刃有余,才能给领导留下个好印象,让客户看到你的诚意。

王立好不容易通过笔试、面试,顺利地进入了一家国企。他一直信奉老师给他的赠言:"多做事,少说话。"于是,刚到岗,他就立刻投入到工作中去,对于难解的研究课题,他经常加班加点地忙活。就这样,他一直忙于自己的工作,甚至没有时间去和同事们沟通。

而和他一起进入企业的还有一个新人,叫张强,他没有王立那么高的学识和才干,但是他很招人喜欢,参加工作没多久就和同事们混得很熟,即使碰到业务上的难题也常有人来主动帮忙。所以虽然他在专业上有所欠缺,但是工作上基本能做到让领导满意。再加上他善于察言观色,善于与人沟通,不仅在部门内部获得了好人缘,企业其他部门的人都对他的表现称赞有加。

一年很快过去了,王立的科研成果显著,还获得了科技奖。张强因为工作协调能力突出而被指派升为该科研小组的组长,负责项目的对外联络和开发。又过了几年,王立的科研项目得到过几次奖励,但在职位上却仍是科研人员。而张强因为其出色的沟通才干,为企业赢得了不少新项目,还给企业带来了实际效益,已经晋升为部门主管。王立虽然一直勤勤恳恳,认认真真地工作,可是无论自己做事多么认真勤奋,到头来还只是普通职员,看着张强步步升迁,而自己还是普通职员,心里真是有些想不通。

难道他老师的话说错了吗？不是应该多做事，少说话吗？其实王立是进入了一个交际的误区。他的老师告诉他"少说话"，并不是不说话，是让他多去倾听别人的讲话，在了解情况后，就要主动去说话，去和人沟通。很显然张强在这方面就做得很好，正因为他善于与人交往，建立了自己的人际关系，所以他才能在工作中如鱼得水，并且能够步步高升。

鼓励年轻人要多做事是正确的，但是俗话说得好，"三分做事，七分做人"。仅仅只把你手头上的工作做好是不行的，还要学会如何做人，如何处理你的人际关系。只有处理好你身边的人际关系，才能促使你在工作中做得更好，才能赢得他人的赞赏。

有句话说得好，做事能力只给你 1 种机会，而交际能力却给你 100 种机会。不管你的专业技能有多强，你的个人能力有多突出，都不能离开其他人的支持，毕竟孤军奋战不如团体作战的战斗力更强。而拥有了你自己的人际关系，你便可以以便捷的途径获取到成功的机会，这也是为什么有的人只能默默地做一辈子小职员，而有的人却能步步高升。相信你也想成为后者吧！

※ 亮出闪光点，摆脱"谁也不是"的状态

长久以来，很多人对于拓展人际关系有一种很深的误解，认为认识的朋友多就等于人际关系广泛，他们信奉所谓的"你认识谁，比你是谁更重要"。其实，在人际关系这方面，最重要的不是"你认识谁"，而是"谁认识你"。也就是说，拓展人际关系的过程，与其说是"我要认识更多的人"，不如说是"让更多的人认识我"。因此，拓展人际关系的第一步就是要成为"别人渴望认识的人"，如果想要认识更多的朋友，那么首先要让别人看到你的价值，比如你的某种专长、能力或者特质。

以前很多人际关系书籍中都强调"要积极主动地认识新朋友"，却不强调提升自我的价值。看起来这是主动拓展人际关系的方式，其实这是很被动的，因为选择权在别人手上，当你"谁也不是"的时候，是别人在选择你作为朋友，而不是你选择别人。但是，一旦你有了自己的闪光点，成为"别人渴望认识的人"之后，主动权就重新回到了自己的手上，是由你来选择和某些人做朋友，而不是由别人来选择你。

也许你现在"人微言轻"，但每个人都有自己无可替代的价值，建立人际关系的第一步，就是自我设计，打造自己的闪光点，并且通过一定的方式和技巧把你的价值传播出去，让更多的人认识你。

打造闪光点，可以从自己的强项开始。每个人都有自己独特的能力，从自己独特的能力开始，是最容易打造闪光点的方法。

丹丹是一家饮料公司的业务主管，因为她平易近人、说话随和，所有的客户都喜欢和她谈话。每逢碰到同事和客户谈崩的时候，就会让她出马。只要她一去，不管什么冰山都会融化成一江春水。她个人的闪光点就是"化解矛盾的专家"。

每个人都应像丹丹一样及早找到自己的强项，尽量发挥，这是快速脱颖而出的秘诀！你的表现是你的最佳简历。我们必须做到处处打造自己的闪光点，让每个见过你的人都能记住你，若你果真有能力和风格，那样，成功就离你不远了。

无论是打造闪光点还是个人品牌，总之你要能够让别人一下就能记住你。想要建立广泛的人脉，就必须早日摆脱"谁也不是"的状态，把你的名字深深地印在别人的脑海中。

※ 把自己武装成"绩优股"，吸引各方的注意

有句俗话叫："王婆卖瓜，自卖自夸。"虽然其中蕴含了一些对自吹自擂者的讽刺意味，但这种自我宣传在某些情况下还是很有必要的。

社会就如同竞技场，有许多机会都是要靠自己去争取的。如果有能力，就应该自告奋勇地去争取那些别人无法完成的任务，千万不要让自己淹没在人群中，或者躲在被人们遗忘的角落里。成功者会让自己闪耀夺目，像磁铁一样吸引各方的注意。

有一匹千里马，身材非常瘦小，它混在众多马匹之中，默默无闻。主人不知道它有与众不同的奔跑能力，它也不屑表现，它坚信伯乐会发现它的过人之处，改变它的命运。

有一天，它真的遇到了伯乐。伯乐径直来到千里马面前，拍

了拍马背，要它跑跑看。千里马激动的心情像被泼了盆冷水，它想，真正的伯乐一眼就会相中我，为什么不相信我，还要我跑给他看呢？这个人一定是冒牌的。千里马傲慢地摇了摇头。伯乐感到很奇怪，但时间有限，来不及多做考察，只得失望地离开了。

又过了许多年，千里马还是没有遇到它心中的伯乐。它已经不再年轻，体力越来越差，主人见它没什么用，就把它杀掉了。千里马在死前的一刻还在哀叹，不明白世人为什么要这么对待它。

客观而言，千里马的一生是悲惨的，可以说是"怀才不遇"。它终年混迹于平庸之辈中，普通人不能看出它的不凡之处，伯乐也错过了提拔它的机会。但是谁导致这种悲剧的呢？是它的主人，还是伯乐？都不是。怪只怪千里马自己，假如它当初能够抓住机遇，勇敢地站出来，在伯乐面前不顾一切地奔跑，表现出自己与众不同的优秀品质来，用速度与激情证明自己的实力，恐怕它早就离开那个狭窄的空间，到属于自己的广阔天地尽情施展才能了。

人们过去总说"酒香不怕巷子深"，但事实并非如此。试想，要有多么浓郁的芳香才能从深巷里传入人们的鼻中呢？又有多少人能够静下心来寻找这芳香的源头呢？再香的酒，只怕最终也不过落得个"长在深巷无人识"的结局。许多人常慨叹怀才不遇，却不知道能力是需要表现出来的，有本事就要发挥出来，不吭声、不动作，谁会知道你胸中的万千丘壑，谁会将你这匹千里马从马群中挑选出来呢？

不少人总是满怀希望地等待着，期待伯乐发现自己、提拔自己。只可惜千里马常有，而伯乐不常有，并不是所有领导、上司都独具慧眼，将机会拱手送上。在你做白日梦的时候，别的千里马，甚至是九百里马、八百里马们早已迎风驰骋，令众人瞩目，获得了充分展示自己的舞台。而默不做声的你，自然只能被淹没在无人问津的平庸者当中。

现实终究是现实，成功的机会不会自动跑到你面前来，一切都要靠你自己去争取。要知道，就算天上掉下馅饼，也要主动去捡，而且必须抢先别人一步。金子如果被埋在土里，就永远不会闪光。

因此，即便是实力再强的人，也要学会表现自己，要善于表现自己，才能让自己的优势展现于世人面前，才能使自己成为求才若渴的人们心目中的抢手货。

以现代职场为例，一个成功的人，不仅要拥有雄厚的实力，还要善于表现自己，这样才有机会脱颖而出。

正如美国著名演讲口才艺术家卡耐基所言："你应庆幸自己是世上独一无二的，应该把自己的禀赋发挥出来。"

※ 人的身上真的有"磁场"，
会吸引一些人，也会排斥一些人

相信你一定碰到过这种情况：遇到一个人，在完全还不了解的情况下，就是觉得想跟他成为亲近的朋友；而遇到另一个完全不认识的人，你却没有原因得不太喜欢，甚至有一丝嫌恶，尽管他看起来是来自精英阶层。你也许觉得这是"首因效应"在起作用，其实，这只是答案的表皮而已，根本的原因是每个人身上都像磁铁一样有一个"磁场"——你和前一个人的"磁场"相吸，而和后一个人的"磁场"相斥，由于"磁场"碰撞的不同反应而在你心里产生了不同的感觉。当然，为了和磁铁的"磁场"相区别，研究者把人类自身的场称为"气场"。

那么，气场是怎样形成并存在的呢？

世界是物质与能量的集合，而人的能量场可以直接与宇宙能量进行交流，这是一种比力更高级的存在——气场。通过它，你不仅可以和宇宙对话，还能获得无穷的力量。无论是吸引成功还是影响他人，都可以通过这宇宙中最伟大的力量来实现。

如果有人告诉你，世上的万事万物都是虚幻，这个世界只由两种基本元素构成，你不要以为这是在说电影《黑客帝国》的故事情节。物理学中的两大守恒定律告诉我们，世间的一切都在不断变化和生灭，只有物质和能量是不生不灭的。正如虚拟的电子世界由0和1组成，现实世界也是由物质和能量这两种基本元素构成的。

但是，仅有一堆杂乱的0和1不能叫一个程序，仅凭物质和能量的堆砌也无法产生世间万物。只有满足特定的组合形式，0和1才能产生出无穷变化的序列，物质和能量才能形成各种不同的事物。这个组合形式就是信息。物质按照特定信息组合起来就构成了有形的物质世界，而能量按照特定的信息组合起来就构成了各种无形的能量场。能量世界与物质世界的不同在于前者没有绝对的分界，整个宇宙就是一个无形的能量场。

如果你觉得这太不可思议，那么不妨去看看由詹姆斯·卡梅隆执导的科幻电影《阿凡达》。这部影片不仅讲述了一个美丽的故事，更为我们理解自身与能量的关系提供了很好的参考。

在潘多拉星球上有一棵神圣的灵魂树，它是凝聚潘多拉星球上万物和谐共处、平等尊重的图腾。纳威人重视心灵的沟通——人与人，人与动物，人与植物，所有生物和谐共处。

纳威人懂得生命的存在不过是从此到彼，循环不已；神是无处不在的，神能感知感应到纳威人的所思所想，并在冥冥中指引着纳威人顺应自然的规则。当今社会的很多人却失去了真正的爱——那种真实、平衡、自由的爱，他们忘记了自己来自于自然，宇宙才是真正的母亲。

在《阿凡达》这部虚构的作品背后，有一个深刻的启示：人是世界的表象和个体化，人的本质和世界是同一的。我们的身体正如一个容器，承载着精神，也就是心灵；而心灵能量是不受身体束缚的，可以直接与宇宙能量相通。从我们的每一次呼吸、每一次心跳，到每一次潜意识的流动、每一次思考判断，都伴随着能量信息流的输出与输入。既然是能量，那就一定有强弱正负之分，这在与外界接触时就表现为各种力的作用——吸引、排斥、吸收、转化、抵消等。以某个人为核心的能量场具有的力，当然也是由他的身体和心灵决定的。

从某种角度看，人类是万物的主宰，不是因为人在物质基础上有多么强大，而是因为人类具有强大的心灵能量，并能够利用它去认识、利用并改造事物。人类中的佼佼者则是能量场最强之人，他们不仅拥有强大的心灵能量，还能将它转化为身体能量释放出来，从而获得无穷的创造力和对周围人的影响力。

这就是人和宇宙的秘密，而这秘密的核心可以归结到人的身心灵能量场——气场。这种气场在每个人身上都是不相同的，正是由于这种因人而异的气场间相互作用，人际交往中才表现出一个人既会吸引一些人，也会排斥一些人。

※ 积极贡献自己的核心价值

在生活中，有时候大家会十分沮丧，因为自己好像工具一样，被人利用了。其实，这并不是最可怕的，最可怕的是有朝一日你连被人利用的价值都没有了，那时，你就真成了孤家寡人，像被束之高阁的积压商品，无人问津。

这样想想，你就会觉得，被人利用其实也不是最可怕的。当然，利用这个词确实不好听，如果人与人之间只留下这种赤裸裸的利用与被利用的关系，那么这将是全人类的悲哀。这里所说的利用实际上可以理解为一种互相需要、彼此帮助，而要想助人，就先要有能够助人的能力。

苏女士是一位刚出道的作家，文笔潇洒，很有天赋，为人也不错，前不久还在某刊物上发表了一篇短篇小说。

可是，苏女士在出版界一无熟人、二无背景，因此出头的机会很渺茫。后来，经朋友介绍，她认识了老蒋。老蒋原来是国内一家知名出版机构的首席策划人，不仅熟知业务，而且也有较好的人缘。几个月前，他自立门户，开办了一家文化出版公司，并希望最终能够打出自己的一片天地。但是让他烦恼的是，从开业到现在，一些比较出名的作家、编辑都不愿与他合作，嫌他的公司规模小。

思来想去，老蒋认为，与其找那些大人物遭拒绝，不如自己培养一些有潜力的作者。于是，他与苏女士几乎是一拍即合，立即联手，苏女士成了老蒋公司的"御用"作者。事实证明老蒋的选择十分正确，进公司不久后，苏女士创作的第一部小说一上市就引起了轰动，销量十分可观。

试想，如果苏女士只是个庸庸碌碌的二流写手，那么，老蒋也不会看中她，更不会将其招至麾下，重点培养。

第五章
二十几岁低头做事，三十几岁抬头做人

※ 抬头之前先低头

"生当作人杰，死亦为鬼雄。至今思项羽，不肯过江东。"这是著名的女词人李清照赞颂西楚霸王项羽的一首诗，诗中虽然充满了豪情，但却难免给人英雄气短的感觉。试想一下，如果当年项羽能够忍受一时的屈辱，过得江东之后重整人马，那么历史便很有可能被改写。

而他的对手刘邦，则将一个"忍"字发挥到了极致。刘邦为了将来的前程似锦，忍住浮华诱惑，忍住胯下之辱，锋芒暂隐，静待转机。这也许正是他最终胜出项羽的原因。

咸阳城内王室发生的剧变，已经明显影响到了秦军的士气，恰逢刘邦招降,众士兵正中下怀,项羽这边听说刘邦西征军已经接近武关的消息,也颇为着急。章邯投降后,项羽不再有任何阻碍,率军火速攻向关中盆地的东边大门——函谷关。

十月,刘邦军团进至灞上。咸阳城已完全没有了防卫的能力,秦王子婴主动投降,秦王朝正式灭亡。

刘邦大军历尽千辛万苦终于进入咸阳,此时刘邦对日后称霸天下有了莫大的野心和信心。

同时,面对扑面而来的荣华富贵,喜好享乐的他,竟然一时忘乎所以,自然忍不住心动。想起年少时的狂言:"大丈夫当如是也。"一切都这样不可思议地唾手可得。

刘邦进入咸阳城内,面对扑面而来的荣华富贵,一时有些忘乎所以。但在张良等人的劝说下,为了长远的未来,刘邦忍下了享受的心。

一个"忍"字的功夫怎生了得,他成全了刘邦,是刘邦成就霸业不可多得的秘密武器。而项羽,在民心方面,项羽明显不如刘邦。项羽嗜杀成性,不管对方是否投降,一律斩杀。他曾在一夜之间,设计歼害了20万秦国降军。项羽因为此事而在秦国人民心中臭名昭著。

项羽残杀秦国兵士,刘邦却与秦地父老约法三章,谁是谁非,天下人自然明白。刘邦轻易便为自己赢得了百姓的信任,项羽虽然勇猛,但是做一国之君的话,尚显粗莽。在这一节上,刘邦的功夫显然比项羽的功夫要到家。但是刘邦并非一忍再忍,还军灞上之后,仍对咸阳城念念不忘,从而犯下了一个致命的错误。

随后，刘邦在"鸿门宴"中更是将"忍"刻在了心头。这一场心理战，决定了最后的结局。刘邦在得知项羽要进攻的时候，镇定地用谎言骗住了项羽，使得项羽留给了刘邦一条生路。而项羽始终是轻敌的，尤其忽视了刘邦这个手下部将。他认为以刘邦的兵力，绝对不是他的对手。但是刘邦不跟他斗勇，刘邦更喜欢斗智。

这就注定了项羽的悲剧命运。

就勇猛来说，项羽力拔山兮气盖世；就智慧来说，项羽也不乏胆识与聪明；就实力来说，项羽是一代霸王，有过众望所归的气势。然而就是一个不能忍，破坏了全部的计划，影响了最终的结局，可见，忍字的力量无穷无尽。

小不忍则乱大谋，忍人一时之疑，一定之辱，一方面是脱离被动的局面，同时也是一种对意志、毅力的磨炼，为日后的发愤图强和励精图治奠定了一定的基础。而不能忍者，则要品尝自己急躁播下的苦果。

※ 应届大学毕业生：学会放低自己

我们一定要学会放低自己，以归零心态从社会的底层做起，这样才能让人生学位不断升值。

每到毕业时节，关于大学生就业的报道就会很大篇幅地占据媒体报道的重要位置。考虑到现在的经济形势，大学生就业难的状况，有一些大学生认为现代社会是一个讲求实力和经验的社会，自己刚刚毕业还没有实践经验，所以即使工资很低，但只要能够给自己提供一个积累经验的平台，他们就可以接受。但是也有一些大学生，觉得自己已经接受了那么多年的教育，自然应该比其他没有读过书的人工资高，所以低于基本消费线的工资，他们是接受不了的。

低工资求锻炼的机会，高工资希望肯定自己的人生价值，同样的毕业生，却有着完全不同的想法，那么到底应该怎样看待这些大学生的价值呢？应届毕业生的工资，到底应该定位为多少钱才好呢？

用人单位给出一个数据：一般的应届毕业生只值300元。这个数据不一定准确，但是它告诉我们一个事实：应届毕业生没有什么可值得炫耀的，毕竟现在大学生到处都是，而且刚毕业的学生没有工作经验，对社会了解得也很少。在这种情况下，大学生并没有什么优势。所以，大学应届生不要高估自己的价值，要学会从零做起。

不可能每个人都出生在聚光灯下。大学生一毕业甚至还没毕业就找到一份好工作，从此一帆风顺的人毕竟是少之又少，更多的毕业生也只有和别人挤在一间不到10平方米的小屋里，每天找路边最便宜的餐馆，整日拿着一摞厚厚的简历奔波，往返于各个人才市场。对找工作的毕业生来说，那是一段黑暗潮湿的经历。

尽管历经波折，但是没必要害怕和烦躁。"蘑菇经历"是事业上最为漫长的磨炼，也是最痛苦的磨炼之一，它对人生价值的体现起到至关重要的作用。经过这个阶段的磨炼，你就会熟练地掌握当前从事工种的操作技能，提升一些为人处世的能力，以及培养挑战挫折、失败的意志，这也是最重要的。诸多能力的具备，为你将来职业的顺利发展铺平了道路。可是生活中很多人就是不愿意把头低下来，正确地评估自己，给自己定位，那么到头来无法提高自己，可能最终你的价值将到不了300元。

曾任微软副总裁的李开复雇用过一个助手，他很有能力，但他的一次自我评估，让李开复重新审视了他。这个助手在自我评估上说："虽然我是那么谦虚的一个人，但是我认为我这一年的成就是不可思议的。"李开复知道，这个人自恃太高，觉得做自己的助手受委屈了。

于是，李开复告诉他："如果你真的认为自己做得那么好，你肯定不会安分地做这份工作，所以我认为你应该重新开始找事做，你认为多长时间能找到工作？"他说3个月。李开复给了他4个月的时间，让他去找工作。

3个月后，助手回到李开复的办公室，说："我还没找到工作，只剩一个月了，你能不能多给我一点时间？"李开复问了原因，助手回答："像我这么资深的人，你给我3个月是不够的，我需要9个月。"

李开复就又给了他两个月的时间，告诉他："如果6个月你还找不到工作，我需要你的一封辞职信，这是公司的规定。"然而，6个月之后，助手还是没有找到工作，按规定他离开了公司。又过了一个月,他打电话给李开复:"我又回微软工作了。"李开复问他:"你没有找到工作吗?"

他回答找到了,还是在微软,不过职位比在李开复手下工作时低两级。

面对人生的低起点,不要总是不知足,也不要总是不懂得把握。在我们还不具备一定的实力与经验的时候,总把自己看得太高,无疑会影响我们向他人学习的心态,影响我们正常的工作态度。当我们开始因为别人的不器重而懈怠的时候,其实是我们搬着石头挡住了自己的去路。

所以,不管我们的起点在哪里,都应该虚心地接受,一点一点地丰盈自己的翅膀,那么总有一天我们会展翅高飞的。

※ 石头碰鸡蛋,为什么受伤的总是鸡蛋

俗话说:胳膊拧不过大腿。如果还没有足够的实力向权威挑战,你就主动与对方硬碰硬,那最终受伤的只会是你自己。

在日常工作中,经常会出现下级对上级领导不满意的现象。有很多人会选择沉默,虽然背地里发发牢骚,但是当领导分配任务的时候,还是会认真地去完成。但是也有一些人希望将自己的不满直接发泄出来,或者想要趁机给领导一点"教训",这样的做法无疑是拿着鸡蛋碰石头,到头来受伤害的只有自己。

市场部换了新经理。这个经理作风和之前的经理完全不同，李明和他的同事们有些不习惯。而且新经理对待下属极其严格，动辄高声批评，弄得人很没面子。但是他对上司满脸堆笑，极尽阿谀谄媚之能事。更为可气的是，他自己明明水平有限，却总是摆出一副内里行家的样子。李明他们最害怕的是新经理把自己关在屋里若干个时辰，然后很兴奋地拿出一份计划表出来，要求下属们在几天内完成。李明他们照计划去做时，很难行得通。

李明本来就是个仗义执言的人，他实在忍受不了了。有一天，他敲开经理室的房门，直截了当地告诉他大家的意见。没想到经理的脸由白变红再恢复正常之后，很虚心地接受了李明提出的所有意见。

从此之后，新经理果然变了：对待下属温和多了，构想新的计划时也找来大家一起商议。

同事们都很感激李明，可李明还是感觉到经理对自己日渐冷淡，偶尔在办公楼里碰见也很尴尬。有时候李明想和他打招呼，他还会装成没看见一样走过去。

时间久了，李明觉得特别别扭，只好找了个理由主动辞职，离开了这家他工作多年的单位。

其实年轻人常犯这种错误，有些人血气方刚，碰到不满意的事情就会说出来，也不管上级和领导的面子。他们觉得如果不把问题解决掉，自己就无法继续工作。有些人虽然不敢当面去撞石头，但是也会被石头间接撞碎。越级打小报告就是被暗算的典型方式。

刘超所在部门的经理这些日子工作效率低下，有时还对工作一拖再拖，使得原定计划总是不得不推迟进行。总经理为此很不满意，经理却推说是手下的员工工作不努力，还告诉大家如果再不按时完成工作，就扣大家的奖金。刘超越想越觉得气愤，就写了份匿名报告交到总经理手中，谁知总经理不但不严格查处，还把这份报告交给刘超的经理处理。经理很快就知道这报告是刘超写的，就随便找了个理由把刘超辞退了。

越级打报告和直接打报告都是拿鸡蛋去撞石头，相比之下越级打报告可能会让当事人更加讨厌你，觉得你心机重，有可能让你摔得更惨。

如果一定要越级报告，就要注意以下几点：其一，不要写匿名信，匿名信往往给人造谣中伤之印象，通常不会重视，而且匿名是纸包不住火的，高层领导迟早会知道是你做的；其二，所陈述的事实必须真实可信、有凭有据，所提出的建议，必须很有分量，如果越级报告的内容不够斤两，高层领导只会睁只眼闭只眼，然后你很容易被高层领导"牺牲"掉；其三，越级报告应当简明地陈述事实，越级报告的出发点应当着重于对公司事业的真诚关心，而不是一味地发泄自己的愤懑不平，希望高层领导"为你做主"，应该把个人的感情压抑下来，摆出"忧国忧民"的诚意。

但是越级报告一定会造成以下恶果：不招高层领导喜欢，遭到顶头上司记恨，被同事们看不起。所以在选择越级报告的时候一定要慎重。如果没有弄清楚状况，就硬要拿着鸡蛋碰石头，到最后毁掉的只有自己的前程。

※ 还当不了领头羊时，就先躲在羊群里

我们常常不能正确地评估自己的实力，总觉得在目前的位置上是一种"屈才"，其实很多时候我们并不真的如自己想象中的那么强大。

没有人是天生的领导者，那些走向成功的人士，也是经历了一番痛苦磨炼的。所以，当我们还没有足够的能力撑起一片天的时候，就不要总是炫耀自己，总觉得自己比别人强，而应该虚心学习，潜心修炼。

两个某大学计算机系的同学，在校时品学兼优，特别是在英文和计算机技术方面优势突出，毕业后一同到了北京一家著名的软件公司，令同学们羡慕得不得了。没想到，两个月后，同学甲就因为另外一家私企的高管位置引诱而跳槽。当时他和同学乙商量一起走，乙对本公司文化已经非常认同，且不看好那家公司，苦劝甲不要贸然跳槽，可是被经理职位诱惑冲昏了头脑的甲去意已决，当月就走人了。然而他哪里想到，那家私企资金链异常脆弱，还处于四处融资阶段。果然不久就听说新公司运转出了问题，正常薪水无法发放，甲又跳槽了。在余下的两年中，甲就像一只无头苍蝇一样四处乱撞，一次比一次失望，后悔早知如此……短短几年时间里，甲已经相继涉足了软件、网络、销售、广告、媒

体、汽车、保健品等多种行业。可谓"万金油",什么都会一点,但什么都不精通、不专业,只好一直做初级工作。以前的技术也跟不上趟了。奋斗了几年,两手空空。虽然甲在别人面前硬着头皮说跳槽"无怨无悔",但打落门牙往肚里咽的难受滋味,只有他自己知道。实际上还是最初的那家公司最好,因为那家公司已经在纳斯达克上市,他的同学乙已经成为一个重要的部门经理,手里拿着可观的原始股票,买了车,同学聚会都在他新买的"高尚公寓"举行。而"跳槽冠军"甲仍然一无所有,惶惶不可终日。

很多人不能正确地评估自己的实力,总觉得在目前的位置上是一种"屈才",其实有时候我们并不如自己想象中的那么强大。尤其是在工作中,看着别人做总是很容易,可是真正轮到自己做的时候,往往就会找不准方向、漏洞百出。所以,在还没有能力当上领头羊的时候,一定要虚心学习,将本领练得扎实。

当然,生活中也有一些人不是没有当领头羊的本领,只是还没有被领导注意到,这个时候,我们就应该寻找一切可利用的机会,为自己创造更好的发展平台。

西汉末年,王莽篡汉建立新朝,托古改制,弄得天下民生鼎沸,各地起义风起云涌。刘秀很小的时候就心思缜密,与人交往时,不计小怨,喜怒不行于色。早在起事之前,尽管刘秀的兄长们蠢蠢欲动,但他却处处小心谨慎,平时只知埋头务农,与世无争,还因此被讥笑为汉高祖刘邦的一位庸庸碌碌的子孙。后来刘秀也加入起义队伍,并凭借自己超凡的才能脱颖而出,逐渐成为领袖。

为了号召天下,绿林军立刘秀的族兄刘玄为更始帝,发展迅速。刘玄是个资质平庸甚至是有些懦弱的人。刘秀和他的哥哥刘縯才华出众,分别被封为"太常偏将军"和"大司徒"。在昆阳和宛城之战中,刘秀和刘縯立下大功,因此也获得了更高的声望。刘氏兄弟日益增长的势力引起了起义军中其他将领的担忧,他们劝更始帝除掉刘縯。刘秀看出了潜藏的危险,提醒兄长注意,但是刘縯并没有放在心上。不久之后,更始帝果然在众人的怂恿下将刘縯杀害。刘秀听说兄长被杀,十分悲痛,但是他马上来到当时政权所在地——宛城谢罪,大臣们向他表示劝慰之意,但他却只说怪自己没能劝住兄长,以致其惹怒了皇帝。从此之后,他绝口不提自己在昆阳立下的功劳,也不为刘縯服丧,饮宴说笑一如平常,仿佛什么都没有发生过。他这么做反而让更始帝感到惭愧,于是任命刘秀为破虏大将军,封武信侯。

其实,刘秀并非无情之人,他非常在意哥哥被无辜杀害,以致多年之后还难以释怀,提起这件事情的时候就泪流满面,只是他从来不会在外人面前表现出来罢了。后来,起义军攻入洛阳,刘秀单独住在一间房子里,不让别人进去。他的好友冯异曾经进过这间房间一次,却发现刘秀的枕巾被泪水打湿了一大片。冯异努力劝慰刘秀,但刘秀却矢口否认。在当时艰难的处境下,他不得不忍住自己的悲伤。正因为善于低头,刘秀在众人眼中的威胁消除了，反而让自己的实力变得比以前更强大，投降他的军队也越来越多。

我们总是羡慕"咸鱼翻身"的人，殊不知，他们并不是一步登上事业的高峰的，他们的成功也是一步一步通过自己的努力获得的。他们也会经历痛苦，但是相对于别人的心浮气躁，他们更加沉稳、更加注重通过不断的付出来收获回报。

※ 从宋兵甲到喜剧王的蜕变：
星爷的成功是从龙套跑起的

"你可以看不起我，可以羞辱我，我只会低眉顺眼，也许还会在你羞辱我的时候给你赔笑脸。但是我会在背后一直努力，直到有一天你发现，你已经无法张口羞辱我，因为我已经比你站得更高。"这就是周星驰成功的秘诀。

看过周星驰的《喜剧之王》以后，很多人的心里都会有沉甸甸的酸楚，一边大笑一边流泪，在观众的心里产生了强烈的反差：尹天仇这个"死跑龙套的"，对于自己的演艺事业认真而又努力，尽管只在戏里扮演一个出镜不到几秒的死人，他也在固执地研究不同的死法。他带着自己对角色的认识来演绎一位出场就被娟姐干掉的龙套，可是没有人听他对剧本人物的认识，也没人听他的分析，他被剧组的人臭骂一顿，盒饭没了，饭碗也丢了。可是他不死心，依旧要自导自演做着自己的演员梦，并对每个人都认真地介绍自己：其实我是一个演员。勤奋终于有了回报，经过一些机缘巧合，最后他回到先前没人捧场的街坊福利会举行戏剧表演时，来观赏的观众人山人海，连以前的大腕也来给他捧场。

"其实我是一个演员。"这是周星驰对自己说的话。《喜剧之王》里的主人公就如同他自己，勤奋努力，可是谁都懒得搭理他，看不起他，厌烦他一个小跑龙套的还那么不听导演的安排。

在没有跑龙套以前，周星驰家境贫寒，甚至比不上一般人。中学毕业后，他因为成绩不好，所以没获得会考的资格。他有过半年多找不到工作的经历，当母亲和姐姐外出工作养家时，他则在家里打拳、睡觉，睡完又打，打完又睡觉，根本没有一技之长。

他没有什么特长，但是对当演员充满期望，当时香港无线电视台（TVB）招考演员，周星驰就拖着中学同学梁朝伟一起报名。为了给面试官留下好印象，身高174厘米的周星驰，前一天还特地花钱买了双昂贵的增高鞋，结果，放榜后，陪考的梁朝伟考上训练班，而穿了增高鞋的周星驰，因长得不够帅，考官根本懒得看他第二眼。

直到邻居告诉他TVB将招考夜间部训练班，他才又再接再厉，报考成功。好不容易跨进演员一行，却又迎来了8年跑龙套的命运。即使命运的恶神总是将他戏弄，可是他始终保留一丝笑意，持续往上爬，成为现在家喻户晓的喜剧之王。

由临时演员、电影明星，到同于企业CEO兼制片人，走过人生三个阶段，周星驰事业规模一再扩大，从一个月薪水港币2000元，到片酬港币千万元以上，如今更是上亿美元票房制片人。

回头看周星驰走过的坎坷路，我们不禁要问：怎么才能从出镜不到两秒的小龙套成长为一个老幼皆知的著名笑星再到赫赫有名的导演？是不是源自于他的运气好？答案当然不是，用他自己的话说："我是非常努力，才能有一点成功。"

有人总结说周星驰的票房之所以会高，不是因为他善于演喜剧片，而是因为他是一个"心理学专家"，他懂得真正的成功道理：把别人垫高了，把自己放低，让别人有了"安全感"，让别人有了"快乐"，让别人有了"自信"，让别人有了"希望"，这样别人才会喜欢自己，让自己顺顺利利地成功。

陈安之在《看电影学成功》中是这么说："一般人是如何获得自信的？是通过比较：你比我好，所以我就没有自信；我比你好，就变成你没有自信。而每一个人都希望得到认同、得到自信。所以，周星驰演的角色，10部片子有9部都是演一个常被嘲笑常被欺辱的人，演一个最被人看不起的人，能让所有人都觉得'我一定会赢过你'的人，结果影片最后，周星驰一定会一反弱态，战胜强敌，扬眉吐气……"

这就叫"Tee-up法则"——Tee是打高尔夫球用的小支球托，up就是把它垫高起来的意思。所有人打高尔夫球，在开杆的时候，都必须插下那个Tee，才有办法把球打飞起来。这就是Tee的作用：把自己放低了（像没有价值），再把对方垫高了（对方显得高大而有价值），结果自己就成了对方离不开的，最有价值的"Tee"。

也许这就是周星驰成功的秘密：你可以看不起我，可以羞辱我，我只会低眉顺眼，也许还会在你羞辱我的时候给你赔笑脸。

但是我会在背后一直努力，直到有一天你发现，你已经无法张口羞辱我，因为我已经比你站得更高。

※ 怎样正确对待"怀才不遇"和"大材小用"

一定要选择适合自己的空间，如果你是鸵鸟，就应该开拓一片自己的土地；如果你是雄鹰，就应该展翅翱翔。

怀才不遇是每个"千里马"都担心的事情。有才而无人识，这种处境比没有才华更叫人难受。可是伯乐并不常常有，千里马中的大多数也许和其他驴子或者骡子混迹在一起，只被用来骑出去到市场买个货物、驮驮重物，发挥不出自己的专长，那么在这种情况下千里马要有什么样的心态呢？渐渐自暴自弃心甘情愿地和其他马一样做"负重"锻炼，还是不甘平凡，用最好的状态等待伯乐的发现？毫无疑问，如果选择了自暴自弃，那么我们没有输在别人的不赏识上，而是输给了自己。有些机会是需要等待的，一边打造自己一边等待时机，这样才会有获胜的机会。

一开始，东方朔在汉武帝面前并不受重视，于是他就哄骗宫中看守马圈的侏儒们说："皇上认为你们这些人对朝廷无用，耕田劳作体力不够，任职做官又不能治理政事，参军入伍也不会指挥作战，只会白白耗费衣食，如今想把你们全部杀掉。"侏儒们听说后十分害怕，哭了起来。东方朔又建议他们："皇上就要从这里经过，你们何不叩头谢罪？"当汉武帝来到马圈，侏儒们都跪在地上,一边磕头,一边痛哭。汉武帝问清怎么回事后,非常生气,派人把东方朔召来,责问道:"你胆敢编造谎言,该当何罪?"东方朔正等待着这个机会,于是振振有词地说:"我活着也要说,死也要说。侏儒身高三尺,俸禄是一袋粟,钱是二百四十;臣东方朔身高九尺多,俸禄也是一袋粟,钱也是二百四十。侏儒饱得要死,臣却饿得要死。如果臣的话可以采用,请用厚礼待我;不采用,请让我回家,不要让我尸位素餐。"汉武帝听了哈哈大笑,赦免了他的罪过。不久后,东方朔就被提升了官职。

先让领导"注意"我们,然后他们才会有可能"重视"我们。晋升之路通过领导实现,有"野心"的人千万不要太默默无闻了。

和怀才不遇类似的事情是大材小用,这是代表领导已经发现我们是人才可是没有可以让我们施展的地方,所以也只能给我们一些小事做。这种情况也很不妙,一方面,我们自己心里会有落差,觉得给我们的任务琐碎而且没有挑战性;另一方面,领导心理也会嘀咕:"我现在让他熟悉了公司的运营情况,了解了各个流程,他要是哪天碰上更好的机会走了,我不是还得再花时间招人和培养其他人吗?"

某中学校长到某大学选毕业生,欲招聘几名教师和校刊编辑。一位新闻系的学生前来应聘。校长看了看这位同学的简历,挺优秀,还在市级报刊上发表过多篇报道,文笔很不错,当然很能胜任校刊编辑的职位。这位中学校长便说:"你学的是编辑专业,但我们校刊是一份小报，我想多少有些大材小用。你大概是打算到我们那儿去积累经验，然后跳槽到大报纸去吧？"这名学生见校长笑容和蔼，没听出校长说这话的深意，也就没对这话做出反应，只是笑了笑。其实这学生本没有跳槽之意，他本来就喜欢像学校这样的简单环境，但校长看见他沉默的态度就以为他默认了自己的推测，于是马上把他否定了。

这个故事告诉我们在面试时一定要留个心眼儿，琢磨一下问题的"话外之音"。如果我们没有觉得自己在公司里受到"屈才"，就及时表明立场，认真踏实地工作。而如果觉得公司太小，不适合自己的发展，就不要浪费自己和别人的时间，用更多精力来寻找适合自己发展的行业和公司。

※ 做人要"降低"一个层次，
　　做事要提高一个档次

做人要降低一个层次，不是让你的道德层次降低，也不是要你对自己的要求降低，而是要你对自己的"所得"降低。做事要提高一个档次，不是说收入的提高，而是标准的提高。

虽然生活中人们常说"一分辛劳就有一分收获"，可是并不是所有的事情都能应验这样的结果。所以，付出多而回报少是再正常不过的事情。如果过分计较自己没得到的东西，那么我们就只能在痛苦中徘徊，而如果我们甘愿付出，对于任何事情都投入百分之百的激情和认真，那么我们一定会把生活过得充实、快乐。

美国独立企业联盟主席杰克·弗雷斯从13岁起就在他父母的加油站工作。弗雷斯想学修车，但他父亲让他去前台接待顾客。当有汽车开进来时，弗雷斯必须在车子停稳前就站到司机门前，然后去检查油量、蓄电池、传动带、胶皮管和水箱。

弗雷斯注意到，如果他干得好的话，顾客大多会再来。于是，弗雷斯总是多干一些，帮助顾客擦去车身、挡风玻璃和车灯上的污渍。有一段时间，每周都有一位老太太开着她的车来清洗和打蜡。这辆车的车内踏板凹陷得很深，很难打扫，而且这位老太太极难打交道。每次当弗雷斯给她把车清洗好后，她都要再仔细检查一遍，让弗雷斯重新打扫，直到清除掉所有的棉绒和灰尘，她才满意。

终于有一次，弗雷斯忍无可忍，不愿意再伺候她了，他的父亲告诫他说："孩子，记住，这就是你的工作！不管顾客说什么或做什么，你都要记住做好你的工作，并以应有的礼貌去对待每一位顾客。"

父亲的话让弗雷斯深受触动，许多年以后仍不能忘记。弗雷斯说："正是在加油站的工作，使我学到了严格的职业道德和应该如何对待顾客，这些东西在我以后的职业生涯中起到了非常重要的作用。"

生活中，我们经常看到一些人自嘲：付出是那样的多，所得是那样的少。工作的积极性很差，认为自己的工作枯燥、卑微，轻视自己所从事的工作，无法全身心地投入工作。他们在工作中敷衍塞责、得过且过，将大部分心思用在如何才能最偷懒而又赚钱上，这样的人是不可能有很大的成就的。

过分计较个人得失，常常让我们的眼光只注意到利益的获得，而忽略了前进的方向，最终偏离了最初选择的轨迹。总是顾及自己面子的人，在刁钻的生活面前，也会显得无措。对自己的发展严格要求的人，无论做什么事情都会给自己提出高标准的要求，让自己用尽全力去做到最好。

所以，如果一个人想要成功，就不能一直把视线盯在自己的报酬上，不能只顾及自己的面子问题，而应该能够承受发展道路上的一切压力，冲破前进路上的任何阻力，用心思考怎样把工作做得完美。这样，我们才能离成功越来越近。

因此，我们在工作中要学会低调做人，高标做事。在我们的一生中，需要面对的只有两件事：一是学会做人，二是学会做事。低调做人，高标做事，是做人做事的理念。低调不意味着低俗、懦弱，而是一种谦逊的态度。低调做人，意味着在与人相处的过程中能够保持一种较低的姿态，不招摇，不显示自我，也意味着对他人要抱有一颗感恩的心，还意味着不会向对方提出过高的要求。这样才能时时受到欢迎和得到他人的尊重，并且拥有一个好的人缘。要学会做事，高标是关键。高标做事，不是张扬着让全世界都知道你在做什么，而是要以一种很高、很专业的姿态去做，认真地做好、做成功。能完成百分之百，就绝不只做百分之九十九，高标还意味着无论面对什么事情，都要有积极和自信的心态。好的心态和态度是事情成功的最重要因素。只有这样才能称得上是高标做事。当然，想要做好任何事情的前提是要学会做人。如果我们每个人都能时时以"低调做人，高标做事"的标准来要求自己，那么，我们就已经向成功迈出了坚实的一步！

如何才能使自己的事业风生水起？如何才能在单位里脱颖而出？如何才能尽快获得提职晋升诸如此类问题，是我们每一位职场中人都时刻关注，并苦苦思索的问题。经过无数的事实证明：成功没有捷径，要想在事业上有所成就，就一定要记住：低调做员工，高标做工作。因为这是优秀员工标志。美国金融界的杰出人士罗赛尔·赛奇曾经说过：单枪匹马、既无阅历又无背景的年轻人起步的最好方法：第一，谋求一个职位；第二，珍惜每一份工作；第三，养成忠诚敬业、高标做事的习惯；第四，认真仔细观察和学习，为人要谦虚、低调。

※ 为什么到处都是有才华的失败者

有才华的人总是比普通人更容易失败，不是上天嫉妒有才华的人，不给他们机会，而是有才华的人把自己看得太高，才会摔得更重。

世界上有很多非常优秀的人，但他们总是一事无成、碌碌无为，在失意的煎熬中痛苦地生活。为什么到处都是有才华的失败者呢？因为他们总是把目光投向天空，却把双手揣在口袋中，自视甚高。其实,只要他们谦逊一点、踏实一些,稍微低一下头,人生之路就会不一样。

杨修是曹操门下掌库的主簿,博学能言,智识过人。有一回,塞北送来一盒酥孝敬曹操,曹操没有吃,只是在礼盒上亲笔写了三个字"一合酥",径直出去了。屋里有的不明白曹丞相的意思,不敢妄拿妄动。这时正好杨修进来看见了,便堂而皇之地走向案头,打开礼盒,把酥饼一人一口地分着吃了。曹操进来见大家正在吃他案头的酥饼,脸色一变,问:"为何吃掉了酥饼?"杨修上前答道:"我们是按丞相的吩咐吃的。丞相在酥盒上写着'一人一口酥',分明是赏给大家吃的,难道我们敢违背丞相的命令吗?"曹操见这个杨修识破了他的心意,表面上乐哈哈地说"讲得好,吃得好,吃得对",其实内心已对杨修徒生厌恶之情了。

可杨修还以为曹操真的欣赏他,所以不但没有丝毫的收敛,反而把心智用在琢磨曹操的言行上,并不分场合地耍弄自己的小聪明。

曹操为人奸狡,且疑心很重,总害怕别人暗中谋害自己,故曾经吩咐左右:"我在梦中好杀人,只要我睡着了,你们千万不要走近我。"一次,曹操白天在军帐中小憩,不慎将被子蹬到地上,一个值勤的侍卫赶紧过来捡起被子给曹操盖上。不想此时曹操从床上一跃而起,拔出宝剑一挥,将近侍杀死,又上床睡觉了,在场的人谁也不敢言语。过了半晌,曹操醒来,见一近侍躺在血泊中,装作大惊失色的样子,问:"什么人杀了我的近侍?"大家以实情相告，曹操非常悔恨梦中杀人，痛哭流涕，并命人厚葬了这位侍卫。

杨修则不这样认为，在为那位近侍举行葬礼时，指着近侍的棺材说："不是丞相在梦中，而是你在梦中啊！"

杨修能破解曹操的谜题、看透曹操的心思并不奇怪，因为他从小就智力过人，博学多才，上知天文，下懂地理，他的才华高人一等。可是，他心气太高，太爱表现自己，终究为自己的一生编写了悲剧性的结局。

杨修最后一次显露聪明是曹操自封为魏王之后。那次，曹操引兵与蜀军作战，战事失利，进退不能，是进是退，当时曹操心中犹豫不决。此时厨子呈进鸡汤，曹操看见碗中有鸡肋，因而有感于怀，觉得眼下的战事有如碗中之鸡肋，"食之无肉，弃之可惜"。他正沉吟间，夏侯惇入帐禀请夜间号令，曹操随口说："鸡肋！鸡肋！"夏侯惇传令众官，都称"鸡肋"。杨修见传"鸡肋"二字，便教随行军士各自收拾行装，准备归程。于是，寨中各位将领，无不准备归计。当夜曹操心乱，不能入睡，就手按宝剑，绕着军寨独自行走，只见夏侯惇寨内军士各自准备行装。曹操大惊，我没有下达撤军命令，谁竟敢如此大胆，做撤军的准备？他急忙召见夏侯惇，夏侯惇说："主簿杨修已经知道大王想撤退的意思。"曹操叫来杨修问他怎么知道，杨修就以鸡肋的含义对答。曹操一听大怒，说："怎敢造谣乱我军心！"不由分说，叫来刀斧手把杨修推出去斩了，把首级悬在辕门外。曹操终于寻得机会除掉了杨修,杨修也终于聪明反被聪明误,断送了自己的一生。

凭借杨修的才华,玩文字游戏或者猜别人心思都是很简单的事情,但他过于热衷在人前显示,让众人都来称赞自己,结果还没来得及让自己的才华得到更多的展现,就因"鸡肋"事件葬送了自己的性命。这样一个才华横溢的年轻人,非但没有因为自己才华出众而大展宏图,反而因为在明争暗斗的官场中不懂得适时低头,毁掉了自己的锦绣前程。

可是杨修的死并没有惊醒世人,在现实生活中,有才华的失败者比比皆是。很多刚毕业的年轻人,在学校里成绩优异,可是走上社会后却处处受阻,似乎所有人都在跟他作对。其实,并不是周围的人太苛刻,也并非没有机遇,而是因为他们自认为自己很有才华,就过于张扬,唯恐别人看不到自己的聪明才智。

人群里的生存法则,向来都是谁出头谁就难免遭受打击。所以,当有才华的人开始刻意表现自己的时候,就注定了要承受更多的舆论压力和其他更多的外在压力。有一些有才华的人甚至为了表现自己而把别人踩在脚下,那么他们一定会遭到别人加倍的嫉妒和报复。

所以,社会不是排挤有才华的人,而是要让他们学会保护自己,低调处世,不要总想着表现自己而忽略了别人的感受。只有学会低调,有才华的人才能成为最终的胜利者。

第六章
在艰难的日子笑出声来

※ 阳光照不到你的生活，
微笑着才发现沿途开满花朵

汪国真有诗云："我微笑着走向生活／无论生活以什么方式回敬我／报我以平坦吗／我是一条欢快奔流的小河／报我以崎岖吗／我是一座大山挺峻巍峨……"谁能说人生没有遗憾、没有失落，失落中之只伴随着忧郁，阳光照不到你的生活；只有微笑着走向生活，才发现原来沿途开满了花朵。

体会了没有脚的痛楚，才明白为没有鞋子而哭泣是多么浅薄；经历了归途的风雨坎坷，蓦然回首，才发现来时的路却是怎样一种美丽的风景。

没有人能够完全把握前路的东西，但也没有理由不微笑走向生活。

古语云："甘瓜苦蒂，物不全美。"从理念上讲，人们大都承认"金无足赤，人无完人"。正如世界上没有十全十美的东西一样，也不存在什么精灵通神的完人。但在认识自我、看待别人这一具体问题上，许多人仍然习惯于追求完美，求全责备，对自己要求样样都是，对别人也往往是全面衡量。

任何人总是有优点和缺点两个方面。俗话说："寸有所长，尺有所短。""十个手指不一般齐。"长处再多的人，也不免有所短；缺点再多的人，也必定有所长。

美国大发明家爱迪生，有1000多项发明，被誉为"发明大王"。但他在晚年，却固执地反对交流输电，一味地主张直流输电；电影艺术大师卓别林创造了深刻而生活的喜剧艺术形象，但他却极力反对有声电影；创立了《相对论》的20世纪最伟大的科学家爱因斯坦，他的智慧带来了科学思想的革命，却不能处理好自己的家庭关系；奥地利圆舞曲之王约翰·施特劳斯逝世100周年之际，一本新出版的传记以几百封从未曝光的书信为依据指出，这位创作了《蓝色多瑙河》等许多著名圆舞曲的施特劳斯，其实动作笨拙，不会跳舞。他还害怕阳光，非常胆小，也害怕黑暗，不敢独处，没有半点儿幽默感。真正的施特劳斯与众人想象中的活泼形象完全不同。

这些事实说明，大师、著名人物也都不是完人、超人，也不可能十全十美。他们的缺点和失误比之于他们给予人类的贡献，当然是次要的。但通过这些事实，我们应当明白，人无完人，人生必有缺憾，才是真实的，正常的。

维纳斯塑像的断臂，引得众多的学者、文人、工匠进行思考、论证、试验，想对她的断臂进行重新"安装"。可是，种种假设和计划均告失败。于是，围绕在维纳斯身上的神秘感越来越浓。作为爱神，断臂的维纳斯似乎更受人们的喜爱，也更能引起人们作种种的猜想和遐思。由此可见，并不完美的缺憾之处从某种意义上看不也是一种美吗？

所以，当缺憾也成为一种美的时候，面对生活中仅有的一些不顺利，你除了恬淡接受，泰然处之，还有什么其他的选择吗？

※ 美好的日子给你带来经历，
　　阴暗的日子给你带来阅历

经济不景气，大学生刚毕业就待业；裁员、下岗、减薪……这些词汇每天都充斥在工薪阶层的耳旁，扰得人们寝食难安；消费水平提高、物价上涨、孩子上学问题、户口问题、买不起房子买不起车、租个房子还要整天面对苛刻的房东……面对如此尴尬的处境，人们不禁感叹："这日子真的是没法儿过了。"

艰难的日子虽然让人焦头烂额，可是我们却没有办法选择别样的生活。既然改变不了，那么我们不如冷静地接受，认真地过好每一天，这样也许我们就会有很多意外的收获，生活也不会再让我们觉得痛苦了。

小张是个在少林寺里拳来脚往生活了6年的孩子，因为克制不住内心梦想之火的燃烧，就决定出少林"闯荡江湖"了。他从少林寺伙房师傅的口中得知很多师兄弟都去了北京做武打替身，可以拍电影，还可以和很多大明星接触。被外面五彩缤纷的生活所吸引，也被心中的梦想所牵引，于是小张来到北京，开始了所谓的"北漂生活"。

实际上，我们可以想象得到，像小张这样没有什么学历和文凭的人，在"北漂"中注定是不能气定神闲的。他曾经自己回忆："那个时候住排房，屋子很小，夏天非常拥挤，五六个师兄弟挤在一个炕上。不过房租很便宜，一个月100块，每个人每月也就20块钱的租金。"可是，就算你空有一身好武功，也要有戏演才能维持生活。而实际上，只凭当替身的那点儿拳脚费，几乎无法维持生活。于是，那个时候的小张，几乎是"替身和民工"并存。

生活的艰难并没有动摇小张的信念，不管生活多难，他都咬紧牙关坚持着。接下去的两年里，他忽然和家里失去了联系。又一次访谈中，小张的哥哥说："他到了北京忽然和家里失去了联系，信也没有，电话也没有，差不多将近两年的时间，我妈妈想他都快得病了。他忽然有一天打电话回来，说自己得了大奖，开始我们都还不信呢。"

小张的确曾经和家里失去联系，他说："那个时候没有钱，就是没钱打电话。""而且也不想打，没混出来个人样，觉得没办法跟家里交代，没脸和家里人说。"就在那样孤独、艰难的岁月里，小张一面做"武替"，一面做民工，才勉强维持了自己的生活。有时候"武替"一天有几十块钱,有时候就只有一顿盒饭,可是即便这样,小张也觉得挺好的,来了北京,能吃饱,还能增长见识。

很多师兄都劝他:"小张,咱回去吧。你说咱们武功也一般,长得也不好,还没什么文化,哪有导演愿意要咱们这样的呀。不是每个人都有李连杰那样的好运气的。"可是,倔犟的小张就是不肯认输,抱定了"再难也要坚持下去"的观点,坚决要留在北京打拼。记得蒲松龄曾经写过这样的落第自勉联:"有志者,事竟成,破釜沉舟,百二秦关终属楚;苦心人,天不负,卧薪尝胆,三千越甲可吞吴。"不知道是不是因为他"愚公移山"的精神感动了上帝,好运终于飘然降临了。

导演相中了他,电影中的优秀表演让他一举成名,并荣获了当年金马奖最佳新人奖。

很多人认为小张之所以能越来越好,是因为他太幸运了。可是小张却说,我并不是幸运的一个,能够有今天的成绩,是因为我一直没有放弃,尽管日子很难过,但是我一直在认真地过好每一天。

尽管在生活中,我们每个人都会遇到各种各样的磨难和考验,只有能够认真地过日子的人,才能在最后的关头突破自己,创造生活的奇迹。其实,生活中给予我们每个人的机会都是相同的,越是艰难的岁月,就越能提供给我们进步的空间。所以,不要总是抱怨日子不好过,只要我们坚持,认真地过好每一天,我们就能抓住希望。

※ 情绪低落时不妨假装一下快乐

很多人都有这样的体会：当我们在做一些有兴趣也很令人兴奋的事情时，很少会感到疲劳。因此，克服疲劳和烦闷的一个重要方法就是假装自己已经很快乐。如果你"假装"对工作有兴趣，一点点假装就是可以使你的兴趣成真，也可以减少你的疲劳、紧张和忧虑。

有一天晚上，艾丽丝回到家里，觉得精疲力竭，一副疲倦不堪的样子。她也的确感到非常疲劳，头痛，背也痛，疲倦得不想吃饭就要上床睡觉。她的母亲再三地求她，她才坐在饭桌上。电话铃响了。是她的男朋友打来的，请她出去跳舞，她的眼睛亮了起来，精神也来了，她冲上楼，穿上她那件天蓝色的洋装，一直跳舞到凌晨3点钟。最后等她回到家里的时候，却一点儿也不疲倦，事实上还兴奋得睡不着觉呢。

在8个小时以前，艾丽丝的表情和动作，看起来都精疲力竭的，她是否真的那么疲劳呢？的确，她之所以觉得疲劳是因为她觉得工作使她很烦，甚至对她的生活都觉得很烦。

世界上不知道有多少人像艾丽丝这样的人，你也许就是其中之一。

一个人由于心理因素的影响，通常比肉体劳动更容易觉得疲劳。约瑟夫·巴马克博士曾在《心理学学报》上有一篇论文，谈到他的一些实验，证明了烦闷会产生疲劳。巴马克博士让一大群学生做了一连串的实验，他知道这些实验都是他们没有什么兴趣的。其结果呢？所有的学生都觉得很疲倦、打瞌睡、头痛、眼睛疲劳、很容易发脾气，甚至还有几个人觉得胃很不舒服。所有这些是否都是"想象来的"呢？

不是的，这些学生做过新陈代谢的实验。由试验的结果发现，一个人感觉烦闷的时候，他身体的血压和氧化作用，实际上会减低。而一旦这个人觉得他的工作有趣的时候，整个新陈代谢作用就会立刻加速。

心理学家布勒认为，造成一个人疲劳感的主要原因是心理上的烦恼。

加拿大明尼那不列斯农工储蓄银行的总裁金曼先生对此是深有体会。在1943年的7月，加拿大政府要求加拿大阿尔卑斯登山俱乐部协助威尔斯军团做登山训练，金曼先生就是被选来训练这些士兵的教练之一。他和其他的教练——那些人从42岁到59岁不等——带着那些年轻的士兵，长途跋涉过很多冰河和雪地，还用绳索和一些很小的登山设备爬上40英尺高的悬崖。他们在加拿大洛杉矶的小月河山谷里爬上百米高峰、副总统峰和很多其他没有名字的山峰，经过15个小时的登山活动之后，那些非常健壮的年轻人，都完全精疲力竭了。

他们感到疲劳，是否因为他们军事训练时，肌肉没有训练得很结实呢？任何一个接受过严格军事训练的人对这种荒谬的问题都一定会嗤之以鼻。不是的，他们之所以会这样精疲力竭，是因为他们对登山这项运动觉得很烦。他们中很多人疲倦得不等到吃过晚饭就睡着了。可是那些教练——那些年岁比士兵要大两三倍的人——是否疲倦呢？不错，他们没有精疲力竭。那些教练们吃过晚饭后，还坐在那里聊了几个钟点，谈他们这一天的事情。他们之所以不会疲倦到精疲力竭的地步，是因为他们对这件事情感兴趣。

耶鲁大学的杜拉克博士在主持一些有关疲劳的实验时，用那些年轻人经常保持感兴趣的方法，使他们维持清醒差不多达一星期之久。在经过很多次的调查之后，杜拉克博士表示"工作效能减低的唯一真正原因就是烦闷"。

因此，经常保持内心愉悦是抵抗疲劳和忧虑的最佳良方。在这里，请记住布勒博士的话："保持轻松的心态，我们的疲劳通常不是由于工作，而是由于忧虑、紧张和不快。"如果你此刻不快乐，会导致身体更加疲劳，情绪也就更加低落，因此，此时不妨假装一下自己是快乐的，当你的心理产生快乐的愿望时，身体也会跟着调整到快乐时的状态，从而形成良性的循环。不信你就试试看。

※ 冬天里会有绿意，绝境中也会有生机

我们知道，事情的发展往往具有两面性，犹如每一枚硬币总

有正反面一样,失败的背后可能是成功,危机的背后也有转机。

1974年,第一次石油危机引发经济衰退时,世界运输业普遍不景气,但当时美国的特德·阿里森家族却收购了一艘邮轮,成立嘉年华邮轮公司,后来这家公司成为世界上最大的超级豪华邮轮公司;世界最大的钢铁集团米塔尔公司,在20世纪90年代末,世界钢铁行业不景气的时候,进行了首次大规模兼并,然后迅速扩张起来。所以说,危机中有商机,挑战中有机遇,艰难的经济发展阶段对企业来说是充满机会的,对企业如此,对个人、对民族、对国家也是如此。

2008年经济危机爆发后,美国很多商业机构和场所顿时萧条了,但酒吧的生意却悄悄地红火起来。原来,精明的酒商们发现美国人开始越来越喜欢喝战前禁酒令时期以及大萧条时期的酒品,比如由白兰地、橘味酒和柠檬汁调制成的赛德卡鸡尾酒。酒商们迅速嗅出了新商机,推出了一款改进的老牌鸡尾酒。美国一个酒业资深人士指出,人们在困难时期,往往会从熟悉的东西那里寻求安慰,老式鸡尾酒自然而然会走俏。这种酒品,不仅让酒商们大赚了一笔,而且还能使疲于应对经济危机的美国人民得到慰藉。

"危中有机,化危为机。"一些中外专家认为,如果危机处置得当,金融风暴也有可能成为个人、企业或国家迅速发展的机遇。所以,冬天里会有绿意,绝境里也会有生机。

危机之下,谁都不希望面临绝境,但绝境意外来临时,我们挡也挡不住，与其怨天尤人，还不如奋力一搏，说不定，还会创造一个奇迹。

有人说过这样一句话："瀑布之所以能在绝处创造奇观，是因为它有绝处求生的勇气和智慧。"其实我们每个人都像瀑布一样，在平静的溪谷中流淌时，波澜不惊，看不出蕴含着多大的力量；往往当我们身处绝境时，才能将这种力量开发出来。

下面是一个在绝境里求生存的真实故事：

第二次世界大战期间，有位苏联士兵驾驶一辆苏H正式重型坦克，非常勇猛，一马当先地冲入了德军的心腹重地。这一下虽然把敌军打得抱头鼠窜，但他自己渐渐脱离了大部队。

就在这时，突然轰隆隆一声，他的坦克陷入了德军阵地中的一条防坦克深沟之中，顿时熄了火，动弹不得。

这时，德军纷纷围了上来，大喊着："俄国佬，投降吧！"

刚刚还在战场上咆哮的重型坦克，一下子变成了敌人的瓮中之物。

苏联士兵宁死也不肯投降，但是现实一点儿也不容乐观，他正处于束手待毙的绝境中。

突然，苏军的坦克里传出了"砰砰砰"的几声枪响，接着就是死一般的沉寂。看来苏联士兵在坦克中自杀了。

德军很高兴，就去弄了辆坦克来拉苏军的坦克，想把它拖回自己的堡垒。可是德军这辆坦克吨位太轻，拉不动苏军的庞然大物，于是德军又弄了一辆坦克来拉。

两辆德军坦克拉着苏军坦克出了壕沟。突然，苏军的坦克发动起来，它没有被德军坦克拉走，反而拉走了德军的坦克。

德军惊慌失措，纷纷开枪射向苏军坦克，但子弹打在钢板上，只打出一个个浅浅的坑洼，奈何它不得。那两辆被拖走的德军坦克，因为目标近在咫尺，无法发挥火力，只好像被驯服的羔羊，乖乖地被拖到苏军阵地。

原来，苏联士兵并没有自杀，而是在那种绝境中，被逼得想出了一个绝妙的办法。他以静制动，后发制人，让德军坦克将他的坦克拖出深沟，然后凭着自身强劲的马力，反而俘虏了两辆德军坦克。

其实，每个人皆是如此，虽然我们的生活并不会时时面临枪林弹雨，但总有身处绝境的时候，每当此时，我们往往会产生爆发力，而正是这种爆发力将我们的力量激发出来了。所以，面临绝境的时候，不要灰心、不要气馁，更不要坐以待毙，勇往直前，无所畏惧，你我都可以"杀出一条血路"。

※ 笑看天下几多愁

人生欢喜多少事，笑看天下几多愁。

我们从小就在做游戏，游戏的本身，就是在不断战胜挫折与失败中获取一种刺激与欢乐，假如没有挫折与失败，再好的游戏也会索然无味。"那就是一场游戏一场梦"，人生如梦，就如一场游戏,但我们作为其中的玩家,真的能像在现实的游戏中吗?人们玩游戏时的心态,是寻找娱乐,是带着挑战的心情去面对游戏中的困难与挫折的,你面对强大的对手,不断地损伤受挫,但越是如此,你越发兴头十足。试想,倘若人们在生活中,也有这么一种积极向上的游戏心态,那么失败与挫折,也就不会显得那般沉重和压抑。既然如此,我们为何不能将挫折变成一种游戏呢?那样便会让痛苦沮丧的心态超然快活起来。二者其实并无差别,只是人们在游戏中身心放松,而在生活中过于紧张。于是,你可以体味游戏中面对和战胜挫折的欢乐。同样,只有你将生活中的挫折视为游戏,才会从中体味积极人生的快乐。

每个人的路都不一样,但命运对我们都是公平的,有所得必所有失,有痛苦也有快乐,就看你能不能咬定青山不放松,心往好处想。西方哲学家蓝姆·达斯讲过这样一个故事:

一个病入膏肓、仅剩数周生命的妇人,整天思考死亡的恐怖,心情坏到了极点。蓝姆·达斯去安慰她说:"你是不是可以不要花那么多时间去想死,而把这些时间用来考虑如何快乐地度过剩下的时间呢?"

他刚对妇人说时,妇人显得十分恼火,但当她看出蓝姆·达斯眼中的真诚时,便慢慢地领悟了他话中的诚意。"说得对,我一直都在想着怎么死,完全忘了该怎么活了。"她略显高兴地说。

一个星期之后,那妇人还是去世了,她在死前充满感激地对蓝姆·达斯说:"这一个星期,我活得比前一阵子幸福多了。"

"苦乐无二境,迷悟非两心。"妇人学会了心往好处想,所以在离开人世前仍能感到一丝幸福,快乐地合上双眼;如果她仍像以前一样,一味地想死,那只能是痛苦地离开人世。

心往好处想,不论何时,不论何事,只要仍在人间,就要心往好处想,天堂和地狱就在人心中。人可以没有名利、金钱,但必须拥有美好的心情。

看看下面童真无忌的画面,不知你想到了什么?

在一个春光明媚的日子,在阳光普照的公园里,许多小孩正在快乐地游戏,其中一个小女孩不知绊到了什么东西,突然摔倒了,并开始哭泣。这时,旁边有一位小男孩立即跑过来,别人都以为这个小男孩会伸手把摔倒的小女孩拉起来或安慰鼓励她站起来。但出乎意料的是,这个小男孩竟在哭泣着的小女孩身边也故意摔了一跤,同时一边看着小女孩一边笑个不停。泪流满面的小女孩看到这幅情景,也觉得十分可笑,于是破涕为笑,俩人滚在一起乐得非常开心。

将生活中的挫折和困难视为"游戏",不是游戏人生,而是以积极的心态面对现实,去战胜挫折和困难。笑看忧愁,笑看人生,如此而已!

※ 用你的笑容去改变这个世界，
　别让这个世界改变了你的笑容

　　只有具备了淡然如云微笑如花的人生态度，困境和不幸才能被锤炼成通向平安的阶梯。

　　人在什么时候最有魅力？就是在微笑的时候。一个积极向上的人，一个热爱生活的人，微笑是他显露最多的表情。

　　达·芬奇用蒙娜丽莎的微笑征服了整个世界，可见微笑是多么神奇。微笑的魅力无所不在，它可以美化我们的心灵，也可以让快乐无处不在，是它让这个世界充满友善与朝气。一个真心的微笑，不管是从眼睛看到的或从声音里听到的，都是一个很好的开端。

　　在人际交往中，我们需要微笑。微笑是一种令人愉快的表情，表达的是一种热情而积极的处世态度。微笑甚至可以创造财富，引领你走向成功。

　　几年前，底特律的哥堡大厅举行了一次巨大的汽艇展览会，人们蜂拥而至，在展览会上人们可以选购各种船只，从小帆船到豪华的游艇都可以买到。

　　在汽艇展览会期间，一家汽艇厂有一宗巨大的生意跑掉了，而另一家汽艇厂却用微笑把顾客挽留了下来。

　　事情是这样的：一位富翁，他来到一艘展览的大船旁对站在他面前的推销员说："我想买艘汽船。"这对推销员来说，可是求之不得的好事。那位推销员很周到地接待了富翁,只是他脸上冷冰冰的,没有一丝笑容。

这位富翁看着这位推销员那没有笑容的脸,里面似乎藏有什么心机,然后走开了。

他继续参观,到了下一艘陈列的船前,这次他受到了一位年轻推销员的热情招待。这位推销员脸上始终挂满了欢迎的笑容,那微笑像太阳一样灿烂,使这位富翁有宾至如归的感觉,所以,他又一次说:"我想买艘汽船。"

"没问题。"这位推销员脸上带着微笑答道,"我会为你介绍我们的产品。"

后来,这位富翁果然交了定金,并且对这位推销员说:"我喜欢人们表现出一种他们非常喜欢我的样子,现在你已经用微笑给我表现出来了。在这次展览会上,你是唯一让我感到我是受欢迎的人。"

第二天这位富翁带着一张保付支票回来,购下了价值2000万美元的汽船。

不难看出,微笑就是无声的行动,一个人温和、亲切、洋溢着笑意,远比他穿着一套华丽、高档的衣服更引人注意,也更受人欢迎。因为微笑是一种宽容、一种接纳,它缩短了人与人之间的距离,使彼此之间心心相通。喜欢微笑着面对他人的人,往往更容易走入对方的天地。所以说,微笑是成功者的先锋。

现实生活中,许多人都意识到了服饰仪容对自己社交、办事的重要,所以,临出门前,我们总是要对着镜子特意整理一番,看头发是否凌乱、领带是否平整、化妆是否恰到好处，唯恐因衣着的粗俗和妆饰的不雅而被人轻视，从而达不到办事的目的。然而，我们也不能忽略另一种魅力，那就是微笑。其实，对于社交、办事来说，整理表情有时比整理服饰、化妆更重要。

说到这里，我们就不能不说到以微笑服务冠于全球的希尔顿旅馆。

希尔顿于1887年生于美国新墨西哥州。他的父亲去世的时候，只给年轻的希尔顿留下2000美元的遗产。希尔顿加上自己的3000美元，只身去得克萨斯州买下了他的第一家旅馆。当旅馆资产增加到5100万美元的时候，他欣喜而自豪地告诉了他的母亲。但是，母亲却淡然地说："依我看，你和从前根本没有什么两样，不同的只是你已把领带弄脏了一些而已。事实上你必须把握比5100万美元更值钱的东西。除了对顾客诚实之外，还要想办法使每一个住进希尔顿旅馆的人住过了还想再来住，你要想一种简单、容易、不花本钱而行之可久的办法去吸引顾客。这样你的旅馆才有前途。"

希尔顿听后，苦苦思量母亲严肃的忠告：究竟什么"法宝"才具备母亲所指示的"一要简单，二要容易做，三要不花本钱，四要行之可久"呢？终于希尔顿想出来了："这个法宝就是微笑。只有微笑具备这四大条件，也只有微笑能发挥如此大的影响！"于是希尔顿根据这一法宝定出了他经营旅馆的三大信条：辛勤、信心、眼光。他要求员工照此信条实践。他也要求员工，无论如何辛劳都必须对旅客保持微笑。他确信：微笑将有助于希尔顿旅馆世界性的发展。

事实上，希尔顿旅馆能从美国20世纪30年代的经济萧条中幸存下来，且领先进入繁荣时代，便证明了希尔顿判断的正确性。希尔顿在接下来的经营中也一直强调着他微笑服务的这一法宝。

每当希尔顿为旅馆充实一批现代化设备时，他就要来到旅馆，召集全体员工开会。"现在我们的旅馆已新添了第一流设备，你们觉得还必须配合一些什么第一流的东西使客人更喜欢它呢？"员工回答之后，希尔顿会微笑地摇着头说："请你们想一想，如果旅馆里只有第一流的设备而没有第一流服务员的微笑，那些旅客会认为我们供应了他们全部最喜欢的东西吗？缺少服务员的微笑，正好比花园里失去了春天的太阳和春风。如果我是顾客，我宁愿住进那虽然只有残旧地毯，却处处见到微笑的旅馆，而不愿走进只有一流设备而不见微笑的地方……"

现在，希尔顿的资产已从5000美元发展到数十亿美元。希尔顿旅馆已经吞并了曾经号称"旅馆大王"的纽约华尔道夫的奥斯托利亚旅馆，买下了号称"旅馆之后"的纽约普拉萨旅馆。与此同时，他的名言："你今天对客人微笑了没有？"也在这些旅馆深处震荡开来。

微笑是希尔顿旅馆最宝贵的无形资产，也是它制胜的魅力所在。希尔顿的成功，就是从微笑服务开始的。不难看出，在生活中只有"微笑"的量是不够的，要努力提高"微笑"的质，创造出属于我们现代人的高品位的"微笑服务"与"微笑文化"。

在真诚的微笑中，人们可以更多地感悟到生活中的真、善、美，也可以更深刻地体会到微笑者的人格魅力。人们都期待着更多的微笑，那么，我们怎样才能保持住自己的微笑呢？

第一，让那些能够给你带来轻松愉快的事情围绕着你。

第二，你要相信自己的微笑是世界上最美的微笑。

第三，尽量消除或减少一些负面消息对你的影响。了解世界上所发生的一些新闻是重要的，但不必每天都是如此。

第四，在办公室里的显眼位置上，摆放假日里令你难忘的照片。因为照片可以使你从日常紧张的工作中得到片刻的休息。

第五，每天，在你的周围，努力寻找那些幽默和欢乐的事情。

第六，最为重要的一点就是要记住，微笑不是仅仅为了别人，更是为了自己。

走遍世界，微笑是通用的护照；走遍全球，阳光雨露般的微笑是你畅行无阻的通行证。一旦你学会了阳光灿烂般的微笑，你就会发现，你的生活从此会变得更加轻松，而人们也喜欢享受你那阳光灿烂般的微笑。

※ 你对生活笑，生活就不会对你哭

生活犹如一面明镜，你对它笑，它就不会对你哭。

在生活中，我们每一个人快乐与否，不是取决于自己财富的多少、自己的美貌程度或是自己的地位如何等外在因素，而是取决于自己的心态这一内在因素。人们常说"好心态才有好人生"就是这个意思。一个人无论他多有钱，多美貌或地位有多高，如果他对生活哭丧着脸，那么生活也不会给他好脸色。

苏菲拥有一切。她有一个完美的家庭，住豪华公寓，从来不用为钱发愁。而且，她年轻、聪慧、漂亮。路易是她的朋友，路易觉得和苏菲一起外出是一件乐事。在餐厅里，路易会看到邻桌的男士频频向她注目，邻桌的女士为她而相互窃窃私语。有她的陪伴，路易感觉很棒。她让路易由衷地认为做男人真好。

不过，当所有闲聊终止的时候，这样一刻出现了：苏菲开始向路易讲述她悲惨的生活，她为减肥而跳的狐步舞，她为保持体形而做的努力，以至于得了厌食症。路易简直不敢相信自己的耳朵！这位美丽的女士真实地、深切地认为自己胖而且丑，不值得任何人去爱。路易对她说，她也许弄错了。事实上，这世界上一半的人为了能拥有她那样的容貌，她那样的好运气和生活，宁愿付出任何代价。不，不，苏菲悲哀地挥着手说，她以前也听过类似的话。她知道这话只是出于礼貌，只是一种于事无补的慰藉。而路易越是试图证实她是一位幸运的女孩，她越是表示反对。苏菲对她生活的总结就是"糟透了"。

生活赐予我们的越多，我们就越觉得所有的一切都是理所当然。然后，我们对生活的期望值也就越高。想像一下苏菲生而拥有一切，金钱、容貌、智慧……但就因为身材这一小问题使她对生活的看法大变。而她应当知道：生活并不完美，而且生活从来也不必完美！只要想一想生活是多么风云变幻，我们就应该明白了。许多人都听过"超人"克里斯托夫·瑞维斯的故事。他曾经又高又帅、又健壮、又知名、又富有。可是，一次，他不慎从马上跌落下来，摔断了脖子。从此，他就高位截瘫了。现在，他已经离开了这个世界。不过，瑞维斯和苏菲的不同在于：他感谢上帝让他保留了一条生命，使他可以去做一些真正有意义的事——为残疾人事业做努力。而苏菲则是为她腹部增加或减少了几毫米厚的脂肪或喜或悲着。两人之间的这个不同的产生说到底还是自己的心态问题。

卡耐基曾讲过这样一个故事：

塞尔玛陪伴丈夫驻扎在一个沙漠的陆军基地里，她丈夫奉命到沙漠去学习，她一人留在陆军的小铁皮房子里，天气热得受不了。即便在仙人掌的阴影下也是华氏125度。那儿没有人与她聊天，只有墨西哥人和印第安人，而他们不会说英语。塞尔玛太难过了，就写信给父母，说要丢开一切回家去。而她父亲的回信只有两行，但这两行信却完全改变了她的生活：

两个人从牢中的铁窗望出去，

一个看到泥土，一个却看到星星。

塞尔玛一再地读这封信，觉得大受启发。她决定要在沙漠中找到"星星"。

于是，塞尔玛开始和当地人交朋友，他们的反应热情而友善。

塞尔玛对他们的纺织、陶器表示兴趣，他们就把最喜欢的、舍不得卖给观光游客的纺织品和陶器送给了她。塞尔玛研究那些引人入迷的仙人掌和各种沙漠植物，还学习有关土拨鼠的知识。她观看沙漠日落，甚至寻找到了海螺壳，要知道这些海螺壳是几万年前当这沙漠还是海洋时留下来的……最后，那原来难以忍受的环境变成了令塞尔玛兴奋、流连忘返的奇景。

到底是什么使塞尔玛对生活的看法有了这么大的转变呢？

其实，沙漠没有改变，印第安人也没有改变，只是塞尔玛的心态改变了。一念之差，使她把原先认为恶劣的遭遇变为一生中最有意义的冒险。她为发现的新世界兴奋不已，并为此写了一本书，并将书以《快乐的城堡》为名出版了。我们可以说，她终于看到了自己的"星星"。

生活是属于自己的，我们为何不对之一笑？要知道，生活从来都是真实的、诚恳的，所以，我们不妨用自己的笑脸来换回生活的笑脸。

第七章

拆掉思维里的墙:原来我还可以这样活

※ 人生无处不套牢,思路决定出路

"套牢"是股市上的一个术语,却也很好地表现出了人生中的一种尴尬处境。就像一个禅学故事中所讲的,一只贪食的鸟儿拼命地往网孔中钻,可任凭它怎样用力,脖子被勒得窒息,也够不着近在咫尺的虫子。当人们拼着性命往套中钻时,却怎么也得不到自己所渴望得到的。也许,这种削尖脑袋往套中钻的动机和想法本身就是一个圈套,或者说是一堵围困人生的墙吧。

在股市猛地热起来的时候,有个词的使用频率突然增高,这便是——套牢。许多人被股市赚钱的光环所诱惑而奋不顾身地跳了进去,谁知股价非但不涨反而直线下跌,这就是被套牢了。凡是玩股票的人,没有一个喜欢自己被套牢的。可是大凡玩股票的

人,没有一个幸免于此。

股市真可谓是人生大课堂。收市之后,你如果将眼光放得远一点,会忽然发现,人生真是无处不套牢。生而为人,出生前就被子宫套牢了。后来,上学了被学校套牢,工作了被单位套牢,结婚了被家庭套牢,死了被骨灰盒套牢。

说起来,有些套子是自己钻的。股票是自己要买的,婚是自己要结的,国是自己要出的,孩子是自己要生的。假如买不到股票,人是会抱怨的;假如生不出儿子,人是会沮丧的;假如出不了国,人是会恼火的。有朋友终于拿到了绿卡,却立即愁眉苦脸起来,说是原本穷学生一个,万事没有关系,而现在要以一个美国人的标准来要求自己,车是什么档次的车,房子是什么档次的房子,衣服是什么衣服,工作是什么工作,凡此种种,不一而足,原来绿卡也是个圈套。这么一说,做人就难了。得到了朝思暮想的东西还要犯愁,甚至更愁,人生真是很无奈。

仔细想想,人又不能没有一点东西将自己套牢。过于自由,心里就空落落的,魂不守舍,食不甘味,这种那种的孤独就要来咬人。人不是被这个套牢,就是被那个套牢,一套接着一套,彻底的孤鬼儿一个是不可想象的。有种说法是不错的:凡是活人必然是套中之人。

而人要套自己是最无可救药的。有一个人热爱炒股,小有进账。然而他总是拨起算盘算自己理论上应该赚多少,而实际上少赚了多少,这样算来算去反而更不快乐。友人劝他何苦和自己过不去,留得"生命"在,还怕没钱赚?他觉得这话是对的,但心里忍不住还是惦记那飞走的铜钱。唉！不知道是人套钱，还是钱套人，天下的傻瓜们啊！

人生不应该有太多的牵累与负荷。现在拥有的，我们应该珍惜；已经失去的，也没必要再为之哭泣。抬头向前看，会有更美好的生活在等着你。只要还有一颗乐观向上的心，人生就会一路充满阳光。

尤利乌斯是一个画家，而且是一个很不错的画家。他画快乐的世界，因为他自己就是一个快乐的人。不过没人买他的画，因此他想起来会有点伤感，但只是一会儿。

"玩玩足球彩票吧！"他的朋友们劝他，"只花2马克便可赢很多钱！"

于是尤利乌斯花2马克买了一张彩票，并真的中了彩！他赚了50万马克。

"你瞧！"他的朋友都对他说，"你多走运啊！现在你还经常画画吗？"

"我现在就只画支票上的数字！"尤利乌斯笑道。

尤利乌斯买了一幢别墅并对它进行了一番装饰。他很有品位，买了许多好东西：维也纳橱柜、佛罗伦萨小桌、迈森瓷器，还有古老的威尼斯吊灯。

尤利乌斯很满足地坐下来，点燃一支香烟静静地享受他的幸福。突然，他感到好孤单，便想去看看朋友。如同在原来那个石头做的画室里一样，他把烟往地上一扔，然后就出去了。

燃烧着的香烟躺在地上，躺在华丽的地毯上……一个小时以后，别墅变成一片火的海洋，它完全烧没了。

朋友们很快就知道了这个消息，他们都来安慰尤利乌斯。

"尤利乌斯，真是不幸呀！"他们说。

"怎么不幸了？"他问。

"损失呀！尤利乌斯，你现在什么都没有了。"

"什么呀？不过是损失了2个马克。"

※ 走出囚禁思维的栅栏

有时，我们固有的思维就是囚禁自己的"栅栏"，要还创造力以自由，首先要做的便是突破常规思维。

世界上没有两片完全相同的树叶，同样，世界上也没有两个完全相同的人。每个人自身的独特性，造成其具别具一格的思维方式，每个人都可以走出一条与众不同的发展道路来。但保持个性的同时，也应追求突破创新，否则，你将陷入自身的思路的"圈套"当中。

每个人都会有"自身携带的栅栏"，若能及时地从中走出来，实在是一种可贵的警悟。独一无二的创新精神，勇于进取，绝不自损、自贬，在学习生活中勇于独立思考，在日常生活中善于注入创意，在职业生活中精于自主创新，正是能够从自我囚禁的"栅栏"里走出来的鲜明标志。形成创造力自囚的"栅栏"，通常有其内在的原因，是由于思维的知觉性障碍、判断力障碍以及常规思维的惯性障碍所导致的。知觉是接受信息的通道，知觉的领域狭窄，通道自然受阻，创造力也就无从激发。这条通道要保持通畅，才能使信息流丰盈、多样，使新信息、新知识的获得成为可能，使得信息检索能力得到锻炼，不断增长其敏锐的接收能力、详略适度的筛选能力和信息精化的提炼能力，这是形成创新心态的重要前提。判断性障碍大多产生于心理偏见和观念偏离。要使判断恢复客观，首先需要矫正心理视觉，使之采取开放的态度，注意事物自身的特性而不囿于固有的见解或观念。这在新事物迅猛增殖、新知识快速增加的当今时代，尤其值得重视。

要从自囚的"栅栏"走出来，还创造力以自由，首先就要还思维状态以自由，突破常规思维。在此基础上，对日常生活保持开放的、积极的心态，对创新世界的人与事，持平视的、平等的姿态，对创造活动，持成败皆为收获、过程才最重要的精神状态，这样，我们将有望形成十分有利于创新生涯的心理品质，并且及时克服内在消极因素。

成功的人往往是一些不那么"安分守己"的人，他们绝对不会因取得一些小小的成绩而沾沾自喜，获得一点小成功就停下继续前行的脚步。因此，只有突破旧我，才能获得又一次的蜕变，人生才会呈现更好的局面。

一位雕塑家有一个12岁的儿子。儿子要爸爸给他做几件玩具，雕塑家只是慈祥地笑笑，说："你自己不能动手试试吗？"

为了制好自己的玩具，孩子开始注意父亲的工作，常常站在大台边观看父亲运用各种工具，然后模仿着运用于玩具制作。父亲也从来不向他讲解什么，放任自流。

一年后，孩子初步掌握了一些制作方法，玩具造得颇像个样子。这样，父亲偶尔会指点一二。但孩子脾气倔，从来不将父亲的话当回事，我行我素，自得其乐。父亲也不生气。

又一年，孩子的技艺显著提高，可以随心所欲地摆弄出各种人和动物形状。孩子常常将自己的"杰作"展示给别人看，引来诸多夸赞。但雕塑家总是淡淡地笑，并不在乎。

有一天，孩子存放在工作室的玩具全部不翼而飞，父亲说："昨夜可能有小偷来过。"孩子没办法，只得重新制作。

半年后，工作室再次被盗。又半年，工作室又失窃了。孩子有些怀疑是父亲在捣鬼：为什么从来不见父亲为失窃而吃惊、防范呢？

一天夜晚，儿子夜里没睡着，见工作室灯亮着，便溜到窗边窥视，只见父亲背着手，在雕塑作品前踱步、观看。好一会儿，父亲仿佛做出某种决定，一转身，拾起斧子，将自己大部分作品打得稀巴烂！接着，父亲将这些碎土块堆到一起，放上水重新混合成泥巴。孩子疑惑地站在窗外。这时，他又看见父亲走到他的那批小玩具前！父亲拿起每件玩具端详片刻，然后，将儿子所有的自制玩具扔到泥堆里搅和起来！当父亲回头的时候，儿子已站在他身后，瞪着愤怒的眼睛。父亲有些羞愧，吞吞吐吐道："我，是，哦，是因为，只有砸烂较差的，我们才能创造更好的。"

10年之后，父亲和儿子的作品多次同获国内外大奖。

父亲不愧是位雕塑家，他不但深谙雕塑艺术品的精髓，更懂得如何雕塑儿子的"灵魂"。每一个渴望成功的人都必须谨记：只有不断突破自我，超越以往，你才能开创出更美好、更辉煌的人生来。

※ 甩掉"金科玉律"的束缚

很多所谓的金科玉律，只是些陈见和偏见罢了。谁信奉它，谁就会受制于它。

我们从小就会被教导不能做这，不能做那，久而久之就形成了一种固定的观念。这些观念成为我们行走社会的"金科玉律"，它们让我们少受挫折的同时，也常常阻碍着我们去开拓新的人生格局。这些观念禁锢着我们的大脑，侵蚀着我们的潜能。因此，要改变命运，我们就得先从改变观念开始。

大家都记得这句金科玉律："想要别人怎样对待你，就先怎样对待别人。"这可能是一句大家从小就学到，且会拿来教导孩子的至理名言。

遗憾的是，若把这句名言应用到组织问题上，问题可就大了。

这句金科玉律的假定是，你喜欢的对待方式会跟其他人喜欢的对待方式一样。这就是"先怎样对待别人"的立论。把这种观点应用在解决组织问题时，就等于是说在协调冲突、决策和收集信息上，你会跟大家的看法一致。

很多人把这句名言当成个人生活的策略。我们也这样处理周遭发生的事。但把这句名言当成策略，很可能会陷入本位主义的泥潭。因为这句名言假定，自己的看法就是他人的看法。因此，自己所想的，就是适当、正确的。如果你就是在这种金科玉律教导下长大的，难免会养成这种思考逻辑。不过，如果你以不同的观点思考，就能开启许多前所未有的成功之门。

我们被自己对世界的偏见所蒙蔽，看不到个人见解的可笑和荒谬。这种狭隘的观念，直接影响了我们在处理变革引发的差异时，采取的决策和行动。

如果你认为所有看待事情的观点是绝不相同的，那在处理变革差异的冲突及协商决策时，会相当危险。尤其在一意孤行地盲从自己的观点，不考虑他人时，情况便会更危险。

要真正有效处理变革所引起的差异，就得具备求同存异的能力，适时从别人的观点和立场来看事情。要这么做就必须把先前的金科玉律改变一下，换成新版的："以别人想被对待的方式对待他们。"其实，只要观念上稍微调整一下，变革的成效就有天壤之别。

在我们生活的世界中，存在着各种各样的"应该""必须"等条条框框，它们编织了一个很大的误区，将现实生活中的人们网罗其中，而我们很多人往往已经习以为常、不假思索地照"章"行事。

我们每个人都生活在一个社会群体中，因此，我们不可能是一个完全孤立的个体，我们的思想和行为可能时时受到世俗的约束与制约。对于这些规则和方针，你也许不以为然，但同时又无法摆脱束缚，无法确定自己应该遵循哪些适用的规则和方针。

任何事物都不是绝对的。任何规则或法律都不能保证在各种场合均能适用，或取得最佳效果。相比之下，具体情况具体分析的原则应成为我们生活和行事的准则。然而，你可能会发现，违反一条不适用的规定或打破一种荒谬的传统却很困难，甚至不可能。顺应社会潮流有时的确不失为一种生存的手段，然而如果走向极端，这也会成为一种神经过敏症。在某些情况下，按条条框框办事甚至会使你情绪低落、忧心忡忡。

林肯曾经说过："我从来不为自己确定永远适用的政策。我只是在每一具体时刻争取做最合乎情理的事情。"他没有使自己成为某项具体政策的奴隶，即使对于普遍性政策，他也并不强求在各种情况下都加以实施。

如果一种规定或规矩妨碍着人们的精神健康，阻碍着人们去积极生活，它就是不健康的。如果你知道这种规矩是消极而令人讨厌的，而你又一直遵守规矩，那你就陷入了人生的另一种误区——你放弃了自我选择的自由，让外界因素控制了自己。生活中有两种类型的人，即外界控制型与内在控制型。认真分析一下自己属于哪种类型，这将有助于你进一步审视自己生活中的大量误区性条条框框。

杰克是一位公司员工，他经常与妻子在家争吵，以致发生婚姻危机。后来，他找到一位心理咨询专家，听了杰克的诉说后，专家给他提出了一条建议："不要总是试图向你妻子表明她错了，你不妨只同她讨论而不去辩明谁对谁错。只要你不再强求她接受你的意见，你也就不必自寻烦恼，不必为证实自己是正确的而无休止地争吵了。"后来，杰克试着做了，果然很奏效。一旦遇到相反的观点和看法，他不再与妻子争论不休，要么与之讨论，要么回避不谈。一段时间以后，夫妻关系明显得到了改善。

其实，各种是非观念都代表着一种"应该"框框。这些条条框框会妨碍你，当你的条条框框与他人发生冲突时，尤其如此。在我们的生活中不乏一些优柔寡断之人，他们无论大事还是小事都难以做出决定。究其原因，人们之所以优柔寡断，因为他们总希望做出正确的选择，他们以为通过推迟选择便可以避免犯错误，从而避免忧虑。有一位患者去求助心理医生，当医生问他是否很难做出决定时，他回答道："嗯？这很难说。"

你或许觉得自己在很多事情上也难以做出决定，甚至在小事上也是如此。这是习惯于以是非标准衡量事物的直接后果。如果当你要做出某些决定时，能抛开一些僵化的是非观念，而不顾忌什么是是非非，你将轻而易举地做出自己的决定。如果你在报考大学时竭力要做出正确的选择，则很可能不知所措，即使做出决定后，也还会担心自己的选择可能是错误的。因此，你可以这样改变自己的思维方法："所谓最好、最合适的大学是不存在的，每一所大学都有其利与弊。"这种选择谈不上对与错，仅仅是各有不同而已。

衡量是否更适合生活的标准并不在于能否做出正确的选择。

你在做出选择之后，控制情感的能力则更为明确地反映出自我抑制能力，因为一种所谓正确的标准包含着我们前面谈到的"条条框框"，而你应当努力打破这些条条框框。这里提出的新的思维方法将在两个方面对你有所帮助：一方面，你将完全摆脱那些毫无意义的"应该"标准；另一方面，在消除了是非观念误区之后，你便能够更加果断地做出各种决定。

生活是不断变化的，观念也要不断地更新。无数的事实告诉我们，成功的喜悦总是属于那些思路常新、不落俗套的人。因此，想别人所不敢想，做别人所不敢做，往往会为我们创造意想不到的机遇。

※ 摧毁专家们的旧图画

迷信权威便会失去自我的判断，这样一来，我们便失去了最有用的东西。

生活中有很多权威和偶像，他们会禁锢你的头脑，束缚你的手脚。如果盲目地附和众议，就会丧失独立思考的习性；如果无原则地屈从他人，就会被剥夺自主行动的能力。

任何知识都是相对的，它们具有先进性，也有自己的局限性。有些人虽然知识不多，但初生牛犊不怕虎，思想活跃，敢于奋力拼搏，反而增加了成功的希望。权威人士常因为头脑中有了定型的见解和习惯，甚至是自己苦心研究得到的有效成果，因而紧紧抱住不放，遇到同类事项总是以习惯为标准去衡量，而不愿去思考别人的意见,哪怕是更好更有效的办法。结果,曾经先进过的东西或习惯有时反而会成为创新的障碍。

将一杯冷水和一杯热水同时放入冰箱的冷冻室里,哪一杯水先结冰?很多人都会毫不犹豫地回答:"当然是冷水先结冰了!"非常遗憾,错了。发现这一错误的是一个非洲中学生姆佩姆巴。

1963年的一天,坦桑尼亚的马干马中学初三学生姆佩姆巴发现,自己放在电冰箱冷冻室的热牛奶比其他同学的冷牛奶先结冰。这令他大惑不解,并立刻跑去请教老师。老师则认为,肯定是姆佩姆巴搞错了。姆佩姆巴只好再做一次试验,结果与上次完全相同。

不久,达累斯萨拉姆大学物理系主任奥斯玻恩博士来到马干马中学。姆佩姆巴向奥斯玻恩博士提出了自己的疑问,后来奥斯玻恩博士把姆佩姆巴的发现列为大学二年级物理课外研究课题。随后,许多新闻媒体把这个非洲中学生发现的物理现象,称为"姆佩姆巴效应"。

很多人认为是正确的,并不一定就真的正确。像姆佩姆巴碰到的这个似乎是常识性的问题,我们稍不小心,便会像那位老师一样,做出自以为是的错误结论。

著名的实用主义哲学家威廉·詹姆斯,曾经谈过那些从来没有发现他们自己的人。他说一般人只发展了10%的潜在能力。"他具有各种各样的能力,却习惯性地不懂得怎么去利用。"

告诉自己:你是独一无二的,你是最棒的,做最独特、最棒的自己才是我们的选择。

洛威尔说:"茫茫尘世、芸芸众生,每个人必然都会有一份适合他的工作。"

在个人成功的经验之中,保持自我的本色及以自身的创造性去赢得一个新天地,是最有意义的。

权威的意见固然有他的缘由所在,然而权威只能作为我们人生的参考,却不能取代我们对于自己人生的独立思考。权威可能今天是权威,不代表永远是权威。更何况,权威有很多,你是听信哪个呢?权威不代表真理!如果你多问几句,这是真的吗?如果你改变一下,这次不这样做,结果会是怎样?如果你说不,又会是怎样?不要害怕自己的决定会是错的,因为权威们也不知道真正的事实到底是什么,他们也是以自己的经验做判断。相信自己的决断是正确的,你也实现了自我突破。自我突破走出自己的一条路,是面对权威做出的正确选择,也是实现自我价值的出路所在。

著名物理学家杨振宁谈到科学家的胆魄时曾说:"当你老了,你会变得越来越习惯于舒服,因为一旦有了新想法,马上会想到一大堆永无休止的争论。而当你年轻力壮的时候,却可以到处寻找新的观念,大胆地面对挑战。"为什么有些大人物成名之后辉煌难再?其重要原因之一恐怕就在这里。反对研制飞机的那些科学大师们就是这样。因此,我们应该不向习惯低头,敢于挑战权威。

※ 你的生命有什么可能

创新并不是什么高深的学问，它确有方法可循，简单的改变往往就能收获到巨大的成功。

一个没有创新能力的人是可悲的人，一个没有创新意识的人是缺少希望的人。一个人若想改变当前的境遇，必须不断创新。只有锐意创新，成功才会降临到你头上。

日本有一家高脑力公司。公司上层发现员工一个个萎靡不振，面色憔悴。经咨询多方专家后，他们采纳了一个最简单而别致的治疗方法——在公司后院中用圆滑光润的800个小石子铺成一条石子小道。每天上午和下午分别抽出15分钟时间，让员工脱掉鞋在石子小道上随意行走散步。起初，员工们觉得很好笑，更有许多人觉得在众人面前赤足很难为情，但时间一久，人们便发现了它的好处，原来这是极具医学原理的物理疗法，起到了一种按摩的作用。

一个年轻人看了这则故事，便开始着手他红火的生意。他请专业人士指点，选取了一种略带弹性的塑胶垫，将其截成长方形，然后带着它回到老家。老家的小河滩上全是光洁漂亮的小石子。在石料厂将这些拣选好的小石子一分为二，一粒粒稀疏有致地粘满胶垫，干透后，他先上去反复试验感觉，反复修改了好几次后，确定了样品，然后就在家乡批量生产。后来，他又把它们分为好几个规格，产品一生产出来，他便尽快将产品鉴定书等手续一应办齐，然后在一周之内就把能代销的商店全部上了货。将产品送进商店只完成了销售工作的一半，另一半则是要把这些产品送进顾客手里。随后的半个月内，他每天都派人去做免费推介员。商店的代销稳定后，他又开拓了一项上门服务：为大型公司在后院中铺设石子小道；为幼儿园、小学在操场边铺设石子乐园；为家庭装铺室内石子过道、石子浴室地板、石子健身阳台等。一块本不起眼的地方，一经装饰便成了一块小小的乐园。

紧接着，他将单一的石子变换为多种多样的材料，如七彩的塑料、珍贵的玉石，以满足不同人士的需要。

800粒小石子就此铺就了一个人的成功之路。

不要担心自己没有创新能力，慧能和尚说："下下人有上上智。"创新能力与其他能力一样，是可以通过教育、训练而激发出来并在实践中不断得到提高的。它是人类共有的可开发的财富，是取之不尽、用之不竭的"能源"，并非为哪个人、哪个民族、哪个国家所专有。

因此，人人都能创新。

你现在需要做的就是不断激发自己的创新能力，多一些想法，多一些创造。那么成功迟早会来临。

培育创新能力要克服创新障碍，更要懂得方法。该如何培育创新能力呢？下面的4个步骤将给你提供帮助。

1. 全面深入地探讨创新环境

创新不是在真空中产生，而是来自艰苦的工作、学习和实践。

如果你正为一项工作绞尽脑汁，想在这个具体的问题上有所建树，那么，你需要全身心地投入到这项工作中，对其关键的问题和环节做深入的了解，对这项工作进行批判的思考，通过与他人讨论来收集各种各样的观点，思考你自己在这个领域的经验。总之，要全面深入地探讨创新环境，为创新准备"土壤"。

2. 让脑力资源处于最佳状态

在对创新环境有了全面的认识之后，就可以把你的精力投入到手头的工作上来了。要为你的工作专门腾出一些时间，这样你就能不受干扰，专注于你的工作了。当人们专注于创新的这个阶段时，他们一般就完全意识不到发生在他们周围的事，也没有了时间的概念。当你的思维处于这种最理想的状态时，你就会竭尽全力地做好你的工作，挖掘以前尚未开发的脑力资源——一种深入的、"大脑处于最佳工作状态"的创新思路。

让脑力资源处于最佳状态，对于"思想做好准备"是很必要的，我们可以通过以下几种方式来做到让脑力资源处于最佳状态：

（1）调节。当我们进入教堂，我们就会使自己适应这里的气氛，表现出专注和认真，你可以用同样的方式来调节你在学习环境中的注意力，在选择学习环境时，要考虑到它是否有利于你专心学习。

（2）心理习惯。每个人都具有大量的习惯性的行为，有的行为是积极的，有的则是消极的，大多数则居于两者之间。学习需要全身心地集中和投入，这意味着你要改掉影响全身心投入的坏习惯，如同时总想做好几件事，或用有限的时间去完成很重要的任务。同时，要使脑力资源处于最佳状态，还包括要养成新的心理习惯：找一个合适的地方，调配足够的时间，以及进行认真的和有创意的思考。这些新的习惯可能需要你付出更大的努力，耗费更大的心血，但是，这些行为很快就会成为你自然的和本能的一部分。

（3）冥想。大脑充斥着思想、感情、记忆、计划——所有这一切都在竞争，想引起你的注意。在你整日沉浸于来自方方面面的刺激，需要从身心上做出反应时，这种大脑"吵架"的现象更为严重。为了专注于从事创新，你需要净化和清理你的大脑。做到这一点的一个有效的方法就是做冥想练习。

3. 运用技巧促使新思维产生

创新的思考要求你的大脑松弛下来，在不同的事情之间寻找联系，从而产生不同寻常的可能性。为了把自己调整到创新的状态上来，你必须从你熟悉的思考模式，以及对某事的固定成见中摆脱出来。为了用新的观点看问题，你必须能打破看问题的习惯方式。为了避免习惯的束缚，你可以用以下几种技巧来活跃你的思维。

（1）群策攻关法。群策攻关法是艾利克斯·奥斯伯恩于1963年提出的一种方法：与他人一起工作从而产生独特的思想，并创造性地解决问题。在一个典型的群策攻关期间，一般是一组人在一起工作，在一个特定的时间内提出尽可能多的思想。提出了思想和观点以后，并不对它们进行判断和评价，因为这样做会抑制思想自由地流动，阻碍人们提出建议。批判的评价可推迟到后一个阶段。应鼓励人们在创造性地思考时，善于借鉴他人的观点，因为创造性的观点往往是多种思想交互作用的结果。你也可以通过运用你思想无意识的流动，以及你大脑自然的联想力，来迸发出你自己的思想火花。

（2）创造"大脑图"。"大脑图"是一个具有多种用途的工具，它既可用来提出观点，也可用来表示不同观点之间的多种联系。你可以这样来开始你的"大脑图"：在一张纸的中间写下你主要的专题，然后记录下所有你能够与这个专题有联系的观点，并用连线把它们连起来。让你的大脑自由地运转，跟随这种建立联系的活动。你应该尽可能快地思考，不要担心次序或结构，让其自然地呈现出结构，要反映出你的大脑自然地建立联系和组织信息的方式。一旦完成了这个过程，你能够很容易地在新的信息和你不断加深理解的基础上，修改其结构或组织。

4. 留出充裕的酝酿时间

把精力专注于你的工作任务之后，创新的下一个阶段就是停止你的工作，为创新思想留出酝酿时间。虽然你的大脑已经停止了积极的活动，但是，你的大脑仍在继续运转——处理信息，使信息条理化，最终产生创新的思想和办法。这个过程就是大家都知道的"酝酿成熟"的阶段，因为它反映了创新思维的诞生过程。当你在从事你的工作时，你从事创新的大脑仍在运转着，直到豁然开朗的那一刻，酝酿成熟的思想最终会喷薄而出，出现在你大脑意识层的表面上。最常见的情况是这样的，当参加一些与某项工作完全无关的活动时，这个豁然开朗的时刻常常会来临。

创新并不神秘，但它的力量却异常的强大和神奇。为了在现代竞争中占据一席之地，不断地创新是唯一的出路。

※ 换一个角度，换一片天地

很多情况下，制造痛苦的并非事件本身，而是我们自己。

有一位哲人曾经说过："我们的痛苦不是问题的本身带来的，而是我们对这些问题的看法而产生的。"这句话很经典，它引导我们学会解脱，而解脱的最好方式是面对不同的情况，用不同的思路去多角度地分析问题。因为事物都是多面性的，视角不同，所得的结果就不同。

有时候，人只要稍微改变一下思路，人生的前景、工作的效率就会大为改观。

当人们遇到挫折的时候，往往会这样鼓励自己："坚持就是胜利。"有时候，这会让我们陷入一种误区：一意孤行，不撞南墙不回头。因此，当我们的努力迟迟得不到结果的时候，就要学会放弃，要学会改变一下思路。其实细想一下，适时地放弃不也是人生的一种大智慧吗？改变一下方向又有什么难的呢？

一位中国商人在谈到卖豆子时，显示出了一种了不起的激情和智慧。

他说：如果豆子卖得动，直接赚钱好了。如果豆子滞销，分三种办法处理：

第一，将豆干沤成豆瓣，卖豆瓣。

如果豆瓣卖不动，腌了，卖豆豉；如果豆豉还卖不动，加水发酵，改卖酱油。

第二，将豆子做成豆腐，卖豆腐。

如果豆腐不小心做硬了，改卖豆腐干；如果豆腐不小心做稀了，改卖豆腐花；如果实在太稀了，改卖豆浆。如果豆腐卖不动，放几天，改卖臭豆腐；如果还卖不动，让它长毛彻底腐烂后，改卖腐乳。

第三，让豆子发芽，改卖豆芽。

如果豆芽还滞销，再让它长大点，改卖豆苗；如果豆苗还卖不动，再让它长大点，干脆当盆栽卖，命名为"豆蔻年华"，到城市里的各大中小学门口摆摊和到白领公寓区开产品发布会，记住这次卖的是文化而非食品。如果还卖不动，建议拿到适当的闹市区进行一次行为艺术创作，题目是"豆蔻年华的枯萎"，记住以旁观者身份给各个报社写个报道，如成功可用豆子的代价迅速成为行为艺术家，并完成另一种意义上的资本回收，同时还可以拿点报道稿费。如果行为艺术没人看，报道稿费也拿不到，赶紧找块地，把豆苗种下去，灌溉施肥，3个月后，收成豆子，接着拿去卖。

如上所述，循环一次。经过若干次循环，即使没赚到钱，豆子的囤积相信不成问题，那时候，想卖豆子就卖豆子，想做豆腐就做豆腐！

换个思路，换个角度，变通一下，总会有新的方向和市场。一条路走到黑只会是头破血流，不妨绕道而行，自己的状况也会取得突破。

对于每个人来说，思维定式使头脑忽略了定式之外的事物和观念。而根据社会学、心理学和脑科学的研究成果来看，思维定式似乎是难以避免的。不过经实验证明，人类通过科学的训练还是能够从一定程度上削弱思维定式的强度的，那么，这种训练方法是什么呢？答案是：尽可能多地增加头脑中的思维视角，拓展思维的空间。

美国创造学家奥斯本是"头脑风暴法"的发明人。为了促进人们大胆进行创造性想象、提出更多的创造性设想，奥斯本提出著名的思想原则，以激励人们形成"激烈涌现、自由奔放"的创造性风格。

1. 自由畅想原则

指思维不受限制，已有的知识、规则、常识等种种限定都要打破，使思维自由驰骋。破除常规，使心灵保持自由的状态，对于创造性想象是至关重要的。

例如，从事机械行业的人习惯于用车床切割金属。在车床上直接切割部件的是车刀，它当然要比被切割的金属坚硬。那么，切割世界上已知最硬的东西该怎么办呢？显然无法制出更硬的车刀，于是，善于进行自由畅想的技师发明了电焊切割技术。

2. 延迟评判原则

指在创造性设想阶段，避免任何打断创造性构思过程的判断和评价。日本一家企业的管理者在给下属布置任务时指出：只要是有关业务的合理性建议，一律欢迎，不管多么可笑，想说就说出来。但他强调，绝不允许批评别人的建议。虽然开始大家有些拘谨，但后来气氛越来越活跃。结果，征集到了100多条合理性建议，企业的发展因此出现了大幅度的飞跃。

3. 数量保障质量原则

指在有限的时间内，提出一定的数量要求，会给设想的人造成心理上的适当压力，往往会减少因为评判、害怕而造成的分心，提出更多的创造性设想。在实践中，奥斯本发现，创造性设想提的越多，有价值的、独特的创造性设想也越多，创造性设想的数量与创造性设想的质量之间是有联系的。数量保障质量原则就是利用了这一规律。

4. 综合完善原则

指对于提出的大量的不完善的创造性设想，要进行综合和进一步加工完善的工作，以使创造性设想更加完善和能够实施。

奥斯本的四项原则，虽然是用于小组创造活动的，但是，这四条原则保障创造性设想过程能够顺利进行，因此，对于个人进行创造性思维启发是巨大的。

要解决一切困难是一个美丽的梦想，但任何一个困难都是可以解决的。一个问题就是一个矛盾的存在，只要在矛盾之中，尝试着拓展思路去看问题，寻找到一个合适的矛盾介点，就可以迎来一个柳暗花明的新局面。

※ 别让"约拿情结"毁了你

"约拿情结"的典故出自《圣经》，却高度概括了人的一种状态。人渴望成功又害怕面对成功，内心一直在积极与消极的两端徘徊。其实，这种心理迷茫状态来源于内心深处的恐惧感，而这种深层的恐惧心理，也成了人生最严重的致命伤。

约拿是《圣经》中的人物。据说上帝要约拿到尼尼微城去传话，这本是一种崇高的使命和荣誉，也是约拿平素所向往的。但一旦理想成为现实，他又感到一种畏惧，觉得自己不行，想回避即将到来的成功，想推却突然降临的荣誉。这种在成功面前的畏惧心理，心理学家们称之为"约拿情结"。

约拿情结是一种普遍的心理现象。我们想取得成功，但成功以后，又总是伴随着一种心理迷茫。我们既自信，又自卑，我们既对杰出人物感到敬仰，又总是心怀一种敌意。我们敬佩最终取得成功的人，而对成功者，又怀有一种不安、焦虑、慌乱和嫉妒。我们既害怕自己最低的可能性，又害怕自己最高的可能性。

说到底，"约拿情结"是一种内心深层次的恐惧感。这种恐惧感往往会破坏一个人的正常能力。

恐惧使创新精神陷于麻木；恐惧毁灭自信，导致优柔寡断；恐惧使我们动摇，不敢做任何事情；恐惧还使我们怀疑和犹豫。恐惧是能力上的一个大漏洞，而事实上，有许多人把他们一半以上的宝贵精力浪费在毫无益处的恐惧和焦虑上面了。

恐惧虽然阻碍着人们力量的发挥和生活质量的提高，但它并非不可战胜。只要人们能够积极地行动起来，在行动中有意识地纠正自己的恐惧心理，那它就不会再成为我们的威胁。

勇敢的思想和坚定的信念是治疗恐惧的天然药物，勇敢和信心能够中和恐惧，如同在酸溶液里加一点碱，就可以破坏酸的腐蚀力一样。

对此，我们不妨多加了解一下。

有一个文艺作家对创作抱着极大的野心，期望自己成为大文豪。美梦未成真前，他说："因为心存恐惧，我眼看一天过去了，一星期、一年也过去了，仍然不敢轻易下笔。"

另有一位作家说："我很注意如何使我的心力有技巧、有效率地发挥。在没有一点灵感时，也要坐在书桌前奋笔疾书，像机器一样不停地动笔。不管写出的句子如何杂乱无章，只要手在动就好了，因为手动能带动心动，从而慢慢地将文思引出来。"

初学游泳的人，站在高高的水池边要往下跳时，都会心生恐惧。如果壮大胆子，勇敢地跳下去，恐惧感就会慢慢消失，反复练习后，恐惧心理就不复存在了。

倘若很神经质地怀着完美主义的想法，进步的速度会受到限制。如果一个人恐惧时总是这样想："等到没有恐惧心理时再来跳水吧，我得先把害怕退缩的心态赶走才可以。"这样做的结果往往是把精神全浪费在消除恐惧感上了。

这样做的人一定会失败，为什么呢？人类心生恐惧是自然现象，只有亲身行动才能将恐惧之心消除。不实际体验，只是坐待恐惧之心离你远去，自然是徒劳无功的事。

在不安、恐惧的心态下仍勇于作为，是克服神经紧张的处方，它能使人在行动之中，获得活泼与生气，渐渐忘却恐惧心理。只要不畏缩，有了初步行动，就能带动第二、第三次的出发，如此一来，心理与行动都会渐渐走上正确的轨道。

※ 今天得过且过，将来一生无成

有的人想做大事，却漫无目标，得过且过。这样的人肯定会有很多局限性而无法超越自我，难有大的突破和进展。实际上，凡是有"得过且过"心态的人，无不是给自己立了一堵墙，并陶然忘我地在围墙之内沉醉。殊不知，这俨然是在耗费生命。

在古希腊，有两个同村的人，为了比高低，打赌看谁走得离家最远。于是，他们同时却不同道地骑着马出发了。

一个人走了13天之后，心想："我还是停下来吧，因为我已经走了很远了。他肯定没有我走得远。"于是，他停了下来，休息了几天，掉转马头返回家乡，重新开始他的农耕生活。

而另外一个人走了7年，却没回来，人们都以为这个傻瓜为了一场没有必要的打赌而丢了性命。

有一天，一支浩浩荡荡的队伍向村里开来，村里的人不知发生了什么大事。当队伍临近时，村里有人惊喜地叫道："那不是克尔威逊吗？"消失了7年的克尔威逊已经成了军中统帅。

他下马后，向村里人致意，然后说："鲁尔呢？我要谢谢他，因为那个打赌让我有了今天。"鲁尔羞愧地说:"祝贺你,好伙伴。我至今还是农夫!"

暂时满足的心态只能使你次人一等。生活中有多少人都是这样成为次人一等者的啊!

一个有生气、有计划、克服消极心态的人,一定会不辞任何劳苦,坚持不懈地向前迈进,他们从来不会想到"将就过"这样的话。有些人常常对他人说:"得过且过,过一把瘾吧!""只要不饿肚子就行了!""只要不被撤职就够了!"这种青年无异于承认自己没有生机。他们简直已经脱离了世人的生活,至于"克服消极心态"那更是想也不必想了。

打起精神来!它虽然未必能够使你立刻有所收获,或得到物质上的安慰,但它能够充实你的生活,使你获得无限的乐趣,这是千真万确的。

无论你做什么事,打不起精神来就不能克服消极心态。你必须全神贯注,竭尽所有的精力去做它,务必使你每天都有显著的克服消极心态的进步,因为我们每天从事的工作都可以训练和发展我们克服消极心态的能力。一个人如能打定如此坚决的主意,那他的收获一定不会仅够"填饱肚子"的。

那些克服消极心态而成就的大事,绝非仅欲"填饱肚子"以及做事"得过且过"的人所能完成的,只有那些意志坚决、不辞辛苦、十分热心的人才能完成这些事业。

在美国西部,有个天然的大洞穴,它的美丽和壮观出乎人们的想象。但是这个大洞穴一直没有被人发现,没有人知道它的存在,因此它的美丽也等于不存在。有一天,一个牧童偶然发现洞穴的入口,从此,新墨西哥州的绿巴洞穴成为世界闻名的胜地。

科学研究表明,我们每个人都有140亿个脑细胞,而一个人只利用了肉体和心智能源的极小部分。若与人的潜力相比,我们只处于半醒状态,还有许多未发现的"绿巴洞穴"。正如美国诗人惠特曼诗中所说:

我,我要比我想象的更大、更美
在我的,在我的体内
我竟不知道包含这么多美丽
这么多动人之处……

人是万物的灵长,是宇宙的精华,我们每个人都具有光扬生命的本能。为"生命本能"效力的就是人体内的创造机能,它能创造人间的奇迹,也能创造一个最好的你。

我们每个人心里都有一幅"心理蓝图"或一幅自画像,有人称它为"自我心像"。自我心像有如电脑程序,直接影响它的运作结果。如果你的心像想的是做最好的你,那么你就会在你内心的"荧光屏"上看到一个踌躇满志、不断进取的自我。同时,还会经常听到"我做得很好,我以后还会做得更好"之类的信息,这样你注定会成为一个最好的你。美国哲学家爱默生说:"人的一生正如他一天中所设想的那样,你怎样想象,怎样期待,就有怎样的人生。"美国赫赫有名的钢铁大王安德鲁·卡内基就是一个能充分发挥自己创造机能的楷模。他12岁时由苏格兰移居美国，最初在一家纺织厂当工人，当时，他的目标是决心"做全工厂最出色的工人"。因为他经常这样想，也是这样做的，最后果真成为全工厂最优秀的工人。后来命运又安排他当邮递员，他想的是怎样"做全美最杰出的邮递员"。结果他的这一目标也实现了。他的一生总是根据自己所处的环境和地位塑造最佳的自己，他的座右铭就是："做一个最好的自己。"

※ 打破常规，自己订立游戏规则

规则不是不能改变的。运用自己的智慧，自己订立游戏规则，你就能掌握命运的主动权。

我们生活在一个充满了规则的世界，做任何事都必须遵守规则。规则保证了世界秩序的有效运转，但另一方面它也限制了人发挥他的能力。

很多人墨守成规，虽然也能解决问题，但是往往缺乏效率与新意。而打破常规，我们以各种角度来看待问题，这样就能更容易地抓住问题的关键，并据此订立新的规则，有针对性地解决问题。这种解决问题的方式既有效率，又有新意。

在一次企业管理培训班上，培训师要求大家做一个游戏。十几个学员平均分为两队，要把放在地上的两串钥匙捡起来，从队首传到队尾。规则是必须按照顺序，并使钥匙接触到每个人的手。比赛开始并计时后，两队的第一反应都是按老师做过的示范：捡起一串，传递完毕，再传另一串。结果都用了15秒左右。

老师说："动动脑筋，时间还可以再减半。"一个队先"悟"了，把两串钥匙拴在一起同时传，这次只用了5秒钟。老师说："时间还可以再减半，你们还有潜力可挖！"怎么可能？学员们很不自信。这时场外没参加游戏的人急忙提醒道："只是要求按顺序从手上经过，不一定非得传呀！"一个队明白了，完全抛开了传递方式，开始飞快地把手扣成圆桶状，摞在一起，形成一个通道，让钥匙像自由落体一样从上落下，这样的方法既按了顺序，同时也接触了每个人的手。时间是0.5秒，随即欢呼声起。

从这个例子可以看出，遵守常规会造成思维定式，要提高效率就要寻找新方法，要获得成功就需要自己订立游戏规则。

有个小村庄，村里除了雨水没有任何水源，为了解决这个难题，村里的人决定对外签订一份送水合同，以便每天都能有人把水送到村子里。村子里有两个年轻人小李和小张非常愿意接受这份工作，于是村里把合同同时给了他们。

签订合同后，小李立刻行动起来。他每日在十里外的湖泊和村庄之间奔波，用两只大桶从湖中打水运回村庄，倒在由村民们修建的一个结实的大蓄水池中。每天清晨他都必须起得比其他村民早，以便当村民需要用水时，蓄水池中已有足够的水供他们使用。由于起早贪黑地工作，小李很快就开始赚钱了。即使这是一项相当艰苦的工作，但是小李非常高兴，因为他能不断地赚钱，并且他对能够拥有两份合同中的一份感到特别满意。

而小张呢？自从签订合同后他就消失了，几个月来，人们一直没有看见过小张。这令小李兴奋不已，由于没人与他竞争，他赚到了所有的水钱。小张干什么去了？他做了一份详细的商业计划书，并凭借这份计划书找到了4位投资者，和自己一起开了一家公司。6个月后，小张带着一个施工队和一笔投资回到了村庄。花了整整一年的时间，小张的施工队修建了一条从村庄通往湖泊的大容量的不锈钢管道。

后来，其他有类似环境的村庄也需要水。小张重新制订了他的商业计划，开始向全国甚至全世界的村庄推销他的快速、低成本、大容量并且卫生的送水系统，每送出一桶水他只赚1角钱，但是每天他能送几十万桶水。无论他是否工作，无数的村庄每天都要消费这几十万桶水，而所有的这些钱便都流入了小张的银行账户中。显然，小张不但开发了使水流向村庄的管道，而且还开发了一个使钱流向自己的钱包的管道。从此，小张幸福地生活着。而小李在他的余生里仍拼命地工作，最终还是陷入了"永久"的财务问题中。

和小李一样，在工作中，有的人会发现，自己付出的辛勤汗水并不比别人少，但效果却总比别人差。究其原因，主要是方法的问题。在工作中，我们要注意做事的方法，培养自己打破常规的思维习惯。因为要想培养聪明巧干的能力,必须从思维方式方面着手。如果一直局限于一种思维方式,即便它过去总是给你带来成功,但也许有一天它就会导致你的"滑铁卢"。

著名的心算家米尼苏·弗拉德曼从来没有失算过。

这一天他做表演时,有人上台给他出了道题:"一辆载着283名旅客的火车驶进车站,有87人下车,65人上车;下一站又下去49人,上来112人;再下一站又下去37人,上来96人;再再下站又下去74人,上来69人;再再再下一站又下去17人,上来23人……"

那人刚说完,心算大师便不屑地答道:"小儿科!告诉你,火车上一共还有——"

"不,"那人拦住他说,"我是请您算出火车一共停了多少站。"

米尼苏·弗拉德曼呆住了,这组简单的加减法成了他的"滑铁卢"。

无数事实证明,伟大的创造、天才的发现,都是从打破常规开始的。只有打破常规,你才能订立自己的游戏规则,在人生的舞台上做出自己最精彩的表演。

※ **如果没有得到奇迹,就成为一个奇迹**

正是我们今天的思考和努力,预知和把握着未来的蓝图。一切皆有可能，只要敢于冲破思想的樊篱。

　　昨天的努力，今天的奋斗，都是为了赢得明天的辉煌。明天是未知的，是不可猜测的，但我们却可以利用超前思维预知和把握未来。综观无数成功案例，杰出人士就是靠超前思维拨开了现实的层层迷雾，突破了发展道路上的重重障碍，最终看到了胜利的曙光。

　　思想超前，用中国一句古话来形容就是未雨绸缪，以长远的眼光，对未来早做谋划。思想超前的人，能够洞悉种种隐匿未现的机遇，从而早做准备，果断出击，实现"无中生有"的目标。

　　要走无中生有的路，就要运用超前思维以"见人所未见""为人所未为"。套用鲁迅名言："无路处本来就是创新的路。"要走无中生有的路，就要有魄力、有决心、有方法，搭别人的车走自己的路，或借用别人的路，行自己的车；要走无中生有的路，还要有很高的心理素质。

　　创新意味着机会，同时也意味着风险。要走无中生有的路，要想做出无米之炊，没有点胆量、气魄是万万不能的，因此，谁要想走出人所未走之路，谁要想成人所未成之功，谁就要不畏惧失败，要勇于承受风险。

　　威尔士是美国东北部哈特福德城的一位牙科医生，是西方世界医学领域对人体进行麻醉手术的最早试验者。在威尔士以前，西方医学界还没有找到麻醉人体之法，外科手术都是在极残酷的情况下进行的。

　　后来，在英国化学家戴维发现笑气（氧化亚氮）以后，1844

年，美国化学家考尔顿考察了笑气对人体的作用，带着笑气到各地做旅行演讲，并做笑气"催眠"的示范表演。这天他来到美国东北部哈特福特城进行表演，不想在表演中发生了意外。那是在表演者吸入笑气之后，由于开始的兴奋作用，表演者突然从半昏睡中一跃而起，神志错乱地大叫大闹着，从围栏上跳出去追逐观众。在追逐中，由于他神志错乱，动作混乱，大腿根部一下子被围栏划破了个大口子，鲜血涌泉般地流淌不止，在他走过的地上留下一道殷红的血印。围观的观众早被表演者的神经错乱所惊呆，这时又见表演者不顾伤痛向他们追来，更是惊吓不已，都惊叫着向四周奔去，表演就这样匆匆收了场。

这场表演虽结束了，但表演者在追逐观众时腿部受伤而丝毫没有疼痛的现象，却给现场的牙科医生威尔士留下了非常深刻的印象。于是他立即开始了对氧化亚氮的麻醉作用进行实验研究。

1845年1月，威尔士在实验成功之后，来到波士顿一家医院公开进行无痛拔牙表演。表演开始，威尔士先让病人吸入氧化亚氮，使病人进入昏迷状态，随后便做起了拔牙手术。但不巧，由于病人吸入氧化亚氮气体不足，麻醉程度不够，威尔士的钳子夹住病人的牙齿刚刚往外一拔，便疼得那位病人"啊呀"一声大叫起来。众人见之先是一惊，随之都对威尔士投去轻蔑的眼光，指责他是个骗子，把他赶出了医院。

威尔士表演失败了，他的精神也崩溃了。他转而认为手术疼痛是"神的意志"，于是他放弃了对麻醉药物的研究。

可是他的助手摩顿与其不同，摩顿开始了自己的探索。1846

年10月,摩顿在威尔士表演失败的波士顿医院当众再做麻醉手术实验。结果在众目睽睽之下,他获得了成功。

"无中生有"是需要气魄、胆识和毅力的,在"无中生有"的创新之路上,往往有失败和风险同行。成功属于能够不畏艰险,善于从失败中汲取经验并坚持到底的人。

失败往往是促进进步、产生创新的良方。一次失利并不等于最终失败,惧怕失败而不敢创新的人,就如同害怕跌倒而停步不前的人。要开辟一条"无中生有"的创新之路,首先得准备接受失败的打击,把它看作成功创新的必由之路。

第八章

拼一把,让明天的你感谢今天的自己

※ 强者绝不轻言放弃

衡量力量与勇气不能只看胜利和奖章,更重要的标准是我们克服的困难。真正的强者不一定是取得胜利的人,但一定是面对失败决不放弃的人。

安德鲁·杰克逊的儿时伙伴们都无法理解他为什么会成为名将,最终还能当上美国总统。他们认识的人当中,许多人比杰克逊更有才能,却一事无成。杰克逊的一位朋友曾说:"吉姆·布朗和杰克逊住在一条街上,他不仅比杰克逊聪明,而且摔跤比赛四场能赢杰克逊三场。凭什么杰克逊混得这么好?"

别人问:"为什么会有第四场比赛?一般不是三局两胜吗?"

"的确,比赛应该是结束了,但是安德鲁不肯。他从来不肯承认自己输了,一定要赢回来才算完。最后吉姆·布朗没了力气,第四场安德鲁就赢了。"

当你被摔倒在地,你会不会爬起来再战,直到取得胜利?安德鲁拒绝接受失败,正是这种不屈不挠的精神造就了他日后的辉煌。

1882年,26岁的考拉尔来到斯特林镇,在一所学校做老师。考拉尔酷爱读书,但他发现,偌大的斯特林镇居然没有一家像样的、专门的书店,书只有在百货商店才能偶尔零星地见到。考拉尔灵机一动,自己为什么不开一家书店呢?这样,既满足了自己读书的需求,赚了钱还可以补贴家用,何乐而不为?

考拉尔把自己的想法跟新婚妻子说了,妻子也非常赞成。于是没多久,考拉尔的名为"思想者"的书店就在斯特林镇开张了。

可是,书店的生意并没有考拉尔想象的那么好。连续几个月,书店几乎没人进来。考拉尔安慰自己,毕竟书店刚开张,生意不好也是正常的,贵在坚持,几个月不行就坚持半年,半年不行就坚持一年,甚至两年,生意总有做起来的时候。即使亏了,反正自己还要买书看,就当是自己藏书了。

抱着这种想法,考拉尔坚持了下来。

可生意还是不景气,书店经常是入不敷出。好在考拉尔和妻子都有一份工作,他们把大部分收入补贴到了书店里。很多人劝他们关门大吉。但这时,考拉尔的思想发生了巨大的转变,从原来单纯的经营,转变为呼吁和彰扬文明而经营。他说:"书店是一个城市文明的象征,是人们寻求知识的重要地方,不管书店生意如何，我都要永远开下去！"

考拉尔言出如山，一年又一年，他居然真的坚持了下来，即使在战争时期，在政局动荡的时期，"思想者"依然坚持每天开门迎客。

1948年，考拉尔在他的书店里去世，享年92岁。考拉尔的孙子继承了他的书店。考拉尔临终前留下遗言："无论如何，都要把'思想者'开下去。"考拉尔的孙子遵从了祖父的话。好在那时斯特林镇改镇为市，人口越来越多，城镇面积越来越大，书店的生意也还可以养家糊口。

"思想者"的辉煌出现在2004年。这一年斯特林市参加全球50个文明城市的竞选，在激烈的竞争中，斯特林市渐落下风。这时，有人向市长提到了"思想者"，市长眼睛顿时一亮。当他把"百年老书店"的旗号打出去后，斯特林市果然过关斩将，不但入选，而且名次进入前十。

一时间，考拉尔和他的"思想者"名扬四海。来自世界各地的书友、游客以及信函纷至沓来。这时的"思想者"，不但是一家大型书店，而且成为一个著名的旅游景点，来这里的人都要买几本盖着"思想者"销售戳的书回去。"思想者"的年销售额已达几百万美元，为考拉尔家族带来了滚滚财富，这还不包括那些一百多年前的全新的库存书，那已经成为收藏家追捧的宝藏。

2006年，考拉尔的后人接手了"思想者"，他对书店一百多年的经营做了详尽的调查统计。他发现，在考拉尔经营的66年间，赚钱的年份为9年，持平的年份为17年，其余的40年都在亏损。

考拉尔的后人动情地说:"面对这样的经营,不知道有几个人能够坚持?我无法想象他是如何度过那段岁月的,就像他绝对没想到今天他的书店会发财。事实上,他只是在一个思想贫瘠的时代,为文明而苦苦坚守!"

世上的事情都是如此,只要方向对了,不管期间的经历有多么艰难和不顺,你都要坚持下去。往往,再多一点努力和坚持便可以收获到意想不到的成功。所以无论何时,我们都应该信心百倍地去全力争取人生的幸福和成功,坚持到底,绝不轻易放弃。

※ 决心取得成功比任何一件事情都重要

很多想成功的人,对成功只是存在一种向往。而只有下定决心成功,才会目标明确,切实可行。

下决心是一种运用能力的过程,是一个人综合素质的折射。一个人能否成功,很大程度上取决于自己的决心。抓住机遇,下定决心,离成功也就不远;优柔寡断,踌躇不决则会错过良机,与成功失之交臂。

有人曾经对许多遭受失败和获得成功的人分别进行分析,发现在做事过程中,因犹豫不决或没有下决心而失败的人占很大比例。而相当一部分成功者,其最优秀的品格之一就是遇事果断坚决,敢于下决心,最终把握住了机遇,从而获得了成功。

按照弗洛伊德的理论，人生来就有"做伟人"的欲望。人为成功而来，也为成功而活。但"想成功"与"要成功"却是有着天壤之别的。所以，我们在生活中会看到很多人都在说："我很想成功！"但却没有看到他们真正地下决心。要知道，成功不是喊叫出来的，也不是写出来的，成功是下决心做出来的！

很多想成功的人，对成功只是存在一种向往或一种侥幸心理。他们的目标要么游移不定，要么好高骛远，不着边际，因而很难整合现有资源，很难有计划和方法；要么迟迟不动，要么行动不坚决、不彻底、不持久，一遇挫折，立即为自己找个"本来就是想想而已"的借口，下台了事。

要成功的人才是真正在成功之前下过坚定决心的人。下定决心，不仅能体现一个人果决的勇气、决断时的自信、坚定不移的志气，更会锻造出自己的魅力，从而赢得他人的信任。只有下定决心成功，才会目标明确、切实可行。也只有下定决心的人，才会在成功的路上不断地检讨自己，改变自己，创造条件，适应环境要求；才能获得深刻的驱动力，而不顾任何艰难险阻，义无反顾，锲而不舍，持之以恒。

世界顶级的推销员与培训大师汤姆·霍普金斯曾告诉他的学员们说："成功有三个最重要的秘诀，第一个就是下定决心；第二个还是下定决心；第三个当然还是下定决心。"

这是霍普金斯之所以成功的经验之谈，因为就在他刚刚进入推销行业的时候，他常常因为害怕敲别人家门或跟陌生人谈论产品时被拒绝，故而业绩一直无法实现突破。直到有一天，他上了一个课程，在课堂上老师告诉他："下一次还有一个课程非常棒，那个课程可以帮助我们激发所有的潜能，让自己能够成为社会顶尖的人物。"

霍普金斯说："我很想听下个课程，但我没有钱，等我存够了钱再上。"这时候老师却对他说："你到底是想成功，还是一定要成功？"他回答说："我一定要成功。"老师又问："假如你一定要成功的话，请问你会怎么处理这个事情？"于是霍普金斯回答："我会立刻借钱来上课。"

从此，霍普金斯发现了自己一直业绩平平的原因，是自己从来没有真正地下过决心。于是在下一次推销之前，他从公司里找了一位同事并带他下楼，他对同事说："你看着，假如我无法向对面那个陌生人推销产品的话，我走过马路来就被车撞死给你看。"

他说完这句话的时候，脑海里一片空白，根本不知道他即将如何推销。但他还是硬着头皮走过去，开始与陌生人交谈，于是他使出了浑身解数向那位陌生人推销产品，经过20分钟的苦口婆心之后，不可思议的事情发生了：他终于卖出了产品！

后来，霍普金斯在分析他的人生是怎么改变的时候，发现答案只有四个字，那就是"下定决心"。

所以，人生从你下定决心的那一刻就已经开始改变，你所做出的任何一个决定都决定着你的人生。

※ 信念达到了顶点，就能够产生惊人的效果

信念是不值钱的，它有时甚至是一个善意的欺骗，然而你一旦坚持下来，它就会迅速升值。

信念是欲望人格化的结果，是一种精神境界的目标。信念一旦确定，就会形成一种成就某事或达到某种预期的巨大渴望，这种渴望所激发出来的能量，往往会超出我们的想象。由信念之火所点燃的生命之灯是光彩夺目的。

美国的罗杰·罗尔斯是纽约的第53任州长，也是纽约历史上的第一位黑人州长。他出生于纽约声名狼藉的大沙头贫民窟。那里环境肮脏，充满暴力，是偷渡者和流浪汉的聚集地，他也从小就学会了逃学、打架，甚至偷窃。直到一个叫皮尔·保罗的人当了罗杰·罗尔斯那座小学的校长。

有一天，罗杰·罗尔斯正在课堂上捣乱，校长就把他叫到了身边，说要给他看手相。于是罗尔斯从窗台上跳下，伸着小手走向讲台，皮尔·保罗先生说，我一看你修长的小拇指就知道，将来你是纽约州的州长。当时，罗尔斯大吃一惊，因为长这么大，只有他奶奶让他振奋过一次，说他可以成为5吨重的小船的船长。这一次，皮尔·保罗先生竟说他可以成为纽约州的州长，着实出乎他的预料。他记下了这句话，并且相信了它。

从那天起，纽约州州长就像一面旗帜飘扬在他的心间。他的衣服不再沾满泥土，他说话时也不再夹杂污言秽语，他开始挺直

腰杆走路，他成了班主席。在以后的几十年里，他没有一天不按州长的身份要求自己。51岁那年，他真的成了州长。在他的就职演说中有这么一段话，他说：信念值多少钱？信念是不值钱的，它有时甚至是一个善意的欺骗，然而你一旦坚持下来，它就会迅速升值。这正如马克·吐温所说的：信念达到了顶点，就能够产生惊人的效果。

信念不但能够唤起一个人的信心，更能够延续一个人的信心，它既是信心的开始，也是信心的归宿。但是，信心时常有，信念却不常有，所以成功的人总是少数。随大溜的人，把握不住自己的人，看不清趋势的人，即使找到信心，也发展不到信念。急功近利的人会在信心走向信念的过程中崩溃，浮躁的人会葬送从信心走向信念的坦途。

成功者的人生轨迹告诉我们：信念，是立身的法宝，是托起人生大厦的坚强支柱；信念，是成功的起点，是保证人追求目标成功的内在驱动力。信念，是一团蕴藏在心中的永不熄灭的火焰，是一条生命涌动不息的希望长河。

著名的黑人领袖马丁·路德·金说过："这个世界上，没有人能够使你倒下，如果你自己的信念还站立着的话。"所以，信念的力量，在于使身处逆境的你，扬起前进的风帆；信念的伟大，在于即使遭受不幸，亦能召唤你鼓起生活的勇气；信念的价值在于支撑人对美好事物一如既往地孜孜以求。

当然，如果一个人选择了错误的信念，那必将是对生命致命的打击,起码也会让人导致平庸。错误的信念会夺去你的能量、你的欲望和你的未来。曾有研究者做过这样一个实验:他们把善于攻击鲦鱼的梭鱼放在一个玻璃钟罩里,然后把这个玻璃钟罩放进一个养着鲦鱼的水箱中。罩里的梭鱼看到鲦鱼后,立刻发动了几次攻击,结果它敏感的鼻子狠狠地撞到了玻璃壁上。几次惨痛的尝试之后,梭鱼最终放弃,并完全忽视了鲦鱼的存在。当钟罩被拿走后,鲦鱼们可以自由自在地在水中四处游荡,即使当它们游过梭鱼鼻子底下的时候,梭鱼也继续忽视它们。由于一个建立在错误信念基础之上的死结,这条梭鱼终因不顾周围丰富的食物而把自己饿死了。在现实生活中,又有多少错误的信念成了束缚我们的玻璃钟罩呢?

人生是一连串选择的结果,而选择一个正确的信念,会成就我们的一生。弥尔顿说过:"心灵是自我做主的地方。在心灵中,天堂可以变成地狱,地狱也可以变成天堂。"人们的生活由自己选定,而幸福,抑或悲哀,全在于心灵的阴晴。强者的天总是蓝的,因为他们坚信乌云终将被驱散;弱者的眼里总是风霜雨雪,漫布着无奈、无望、无尽的悲哀与叹息。人生的变数很多,然而,不管外界多么地不易把握,只要心中升腾着信念的火焰,艰难险阻就都将不复存在。

※ 自信能使一个人征服他相信可以征服的东西

对于年轻人,只要时刻让自己的心里充满自信与希望,人生就会丰富而充满激情。

年轻是一种很重要的资源,这种资源专属于青年人。自信能引爆年轻的力量,希望能诠释年轻的真意。充满自信与希望,每个人就都能把握未来。

所以,对于年轻人,自信和敢于希望是必要的,一个人在年轻的时候,宁肯自负一点,也要自信一点。只有学会自信,我们才会有勇气对未来的生活充满希望和憧憬,也只有这样,人生才会丰富而充满激情。

既然"自信和希望是青年的特权",那我们就应该好好地去享受这份特权,应当摒弃自卑与懦弱的性格。年轻人,应该要用足够的时间去做自己想做的事情,要用足够的精力与自信去实现自己的目标和希望。这就是年轻人的"特权",把握住这种独特的优势,不灰心,不退却,前途必然无比宽阔和明亮。

希望必然是由自信所带来,所以年轻人学会自信才是首要的事情。

一些年轻人之所以缺乏自信、甚至自卑,就在于对自己有过高的、不切实际的期望。有了愿望却总是无法实现,有了目标却总是达不到,这样就会一次次地信心受打击,甚至迁怒于别人,怨恨社会。事实上只要他们降低期望,把目标定得切合实际,多几次成功,就能够将心态纠正过来。

自信需要不断地实践,并从实践中获得积极的反馈。

自信在于准备充分。心里没底,当然难以积聚信心。准备包括情况的了解、知识的积累、特征信息的收集以及必要的计划、物质和关系准备。但是，高明的领导者往往在情景不明朗、准备不充分的情况下也能够积聚信心，积聚力量，并把信心坚决地表达出去，表现得信心十足，充分地感染下级，让大家同心协力，共渡难关，突破瓶颈。

生活是个两面体，站在一个视点我们可以看到它的阴暗面，站在另外一个视点上，又能看到它积极向上的灿烂的一面。这或许是个悖论，但作为年轻人，我们的任务就是去揭示这些悖论，绕开陷阱，把握它朝阳的一面，对自己充满信心，对前途充满希望。

当你因触及生活的阴暗面而感到灰心丧气的时候，请记住这样一句话：我还年轻，我有自信，有希望——这是我的特权！

※ 顽强能创造令人难以想象的奇迹

人生中永远都是困难重重，只有意志顽强的人才能最终抵达成功的彼岸。

顽强不等于顽固，它是因"顽"而"强"。"顽"是一种执着，一种坚定的信念，一种不达目的誓不罢休的决心和勇气，"强"是"顽"的效果表达，是我们生存和发展的必备条件。

只有顽强的人，才会对自己的行为动机和目的有清醒而深刻的认识。只有顽强的人，才能在复杂的情境中，冷静而迅速地做出判断，毫不迟疑地采取坚决的措施和行动。也只有顽强的人，在碰到挫折和失败的时候，会主动调节自己的消极情绪，控制自己的言行，不灰心、不丧气、不焦躁；面对成功和胜利，不骄傲、不自满。

在很多情况下，我们与成功无缘，并不是我们不聪明，而是缺乏顽强的意志。顽强的意志不但能帮助我们走出失败的阴影，更能帮助我们养成良好的习惯，实现人生的目标。顽强的"妙不可言"之处就在于它能激发人的潜能，促使人创造超乎自己想象的业绩。

海伦·凯勒的事迹正说明了这一点。海伦·凯勒看不见东西，听不到声音，但在她的一生中做了许多事情。她的成功给其他人带来了希望。

海伦·凯勒于1880年6月27日出生在美国亚拉巴马州北部的一个小镇上。在一岁半之前，海伦·凯勒和其他孩子一样，她很活泼，很早就会走路和说话了。但在19个月大的时候，她因为一次高烧而导致了失明及失聪。从那时开始，她的世界充满了寂静和黑暗。

从那时起到7岁前，海伦只能用手比画进行交流。但是她学会在寂静黑暗的环境中怎样生活。她有着很强的渴望，她自己想做什么，谁也挡不住她。她越来越想和别人交流，用手简单地比画已经不够用了。她的内心深处有一种什么东西要爆发，因为她的举止已难以让人理解。当她母亲管束她时，她会哭叫闹喊。

在海伦6岁时，她父亲从波士顿的珀斯盲人研究院请来了一位女老师，名叫安妮·沙利文。海伦·凯勒就是在这位令她终身不忘的老师的指导下，在以后的日子里凭借着自己顽强的毅力，学会了手语，学会了说话，学会了多门外语，并在哈佛大学完成了自己的学业。但海伦认为，这些只不过是她许多成功的开始。

就在自己的老师去世后不久，海伦·凯勒跑遍美国大大小小的城市，周游世界，为残障的人到处奔走，全心全力为那些不幸的人服务，最终成为一位世界知名的残障教育家。

海伦·凯勒终生致力服务于残障人士，并写了很多的书，其中写于1993年的散文《假如给我三天光明》是最为著名的一篇。

命运虽然给予了海伦·凯勒许多的不幸，她却并不因此而屈服于命运。她凭借着自己顽强的毅力，奋勇抗争，最终冲破了人生的黑暗与孤寂，赢得了光明和欢笑。美国《时代周刊》评价海伦·凯勒为"人类意志力的伟大偶像"。

海伦·凯勒的成功让我们认识到顽强的意志对于一个残疾人的意义，那么，对于一个四肢健全的人，海伦·凯勒让我们感到汗颜。其实，很多人只比海伦·凯勒少了一种不屈不挠的骨气，一种持之以恒的耐力和一种顽强不屈的意志力。他们也恰恰不明白，人生中永远都是困难重重，只有那些具有顽强意志的人，才能成功！

※ **进取心是不竭的动力**

只有具备一种永不停息的自我推动力，我们的人生才可能不断更上一个台阶，更高的目标和理想不断在向我们召唤。

永不知足是要求自己上进的第一步，是要让自己不满足于停留在现有的位置上。永不知足可以帮助你迈出关键的第一步。

比尔·盖茨对年轻人说得最多的一句话就是——"永不知足"。他之所以会取得如此大的成功，就是因为他不满足于所取得的成绩，不断进取，始终激励自己向前发展，最后终于实现了自己的理想，到达了他所向往的地位。

新闻界的"拿破仑"——伦敦《泰晤士报》的大老板诺思克利夫爵士，最初在每月只能拿到80元的时候，他对自己的处境非常地不满。后来，《伦敦晚报》和《每日邮报》皆为他所有的时候，他还是感到不满足，直到他得到了伦敦《泰晤士报》之后，他才稍稍觉得有点满足。

就算成了《泰晤士报》的大老板，诺思克利夫爵士还是不肯善罢甘休。他要利用《泰晤士报》揭露官僚政府的腐败，打倒几个内阁，推翻或拥护几个内阁总理（亚斯查尔斯和路易乔治），而且不顾一切地攻击昏迷不醒的政府。由于他的这种大胆的努力，提高了不少国家机关的办事效率，在某种程度上还改革了整个英国的制度。

不管你目前的职位有多高，都不要满足于现状，应该告诉自己："我的职位应在更高处。"

进取心从不允许我们休息，它总是激励我们为了更美好的明天而奋斗。由于人的成长是无限的，所以我们的进取心和愿望也是无法满足的。如果历史的来看，我们目前所到达的高度足以令人羡慕，但是，我们却发现今日所处的位置和昨日的位置一样，无法让我们完全满足，更高的理想和目标不断在向我们召唤。

百年哈佛主张这样的人生哲学：信心和理想乃是人们追求幸福和进步的最强大推动力。

进取心是激发人们抗争命运的力量，是完成崇高使命和创造伟大成就的动力。一个具备了进取心的人，就会像被磁化的指针那样显示出矢志不移的神秘力量。

人生的进步与成功，正是有了进取心和意志力——这种永不停息的自我推动力，才激励着人们向自己的目标前进。对这种激励的需要是我们人生的支柱，为了获得和满足这种需要，我们甚至愿意以放弃舒适和牺牲自我为代价。

向上的力量是每一种生命的本能，这种东西不仅存在于所有的昆虫和动物身上，埋在地里的种子中也存在着这样的力量，正是这种力量刺激着它破土而出，推动它向上生长，向世界展示美丽与芬芳。

这种激励也存在于我们人类的体内，它推动我们去完善自我，去追求完美的人生。

※ 面对困难，你强它便弱

重要的不是我们身处怎样的环境，而是我们对于所处环境做出的是怎样的反应。你愿意成为强者，困难便会退缩。

一个女儿对她的父亲抱怨，说她的生命是如何痛苦、无助，她是多么想要健康地走下去，但是她已失去方向，整个人惶惶然然，只想放弃。她已厌烦了抗拒、挣扎，但是问题似乎一个接着一个，让她毫无招架之力。

父亲二话不说，拉起心爱的女儿，走向厨房。他烧了3锅水，当水沸腾之后，他在第一个锅里放进萝卜，第二个锅里放了一颗蛋，第三个锅则放进了咖啡。

女儿望着父亲，不明所以，而父亲只是温柔地握着她的手，示意她不要说话，静静地看着滚烫的水，以炽热的温度煮着锅里的萝卜、蛋和咖啡。一段时间过后，父亲把锅里的萝卜、蛋捞起来各放进碗中，把咖啡过滤后倒进杯子，问："你看到了什么？"

女儿说："萝卜、蛋和咖啡。"

父亲把女儿拉近，要女儿摸摸经过沸水烧煮的萝卜，萝卜已被煮得软烂；他要女儿拿起这颗蛋，敲碎薄硬的蛋壳，她细心地观察着这颗水煮蛋；然后，他要女儿尝尝咖啡，女儿笑起来，喝着咖啡，闻到浓浓的香味。

女儿谦虚而恭敬地问："爸，这是什么意思？"

父亲解释：这3样东西面对相同的环境，也就是滚烫的水，反应却各不相同：原本粗硬、坚实的萝卜，在滚水中却变软了；这个蛋原本非常脆弱，它那薄硬的外壳起初保护了液体似的蛋黄和蛋清，但是经过滚水的沸腾之后，蛋壳内却变硬了；而粉末似的咖啡却非常特别，在滚烫的热水中，它竟然改变了水。

"你呢？我的女儿，你是什么？"父亲慈爱地问虽已长大成人，却一时失去勇气的女儿，"当逆境来到你的门前，你有何反应呢？你是看似坚强的萝卜，痛苦与逆境到来时却变得软弱、失去了力量吗？或者你原本是一颗蛋，有着柔顺易变的心？你是否原是一个有弹性、有潜力的灵魂，但是在经历死亡、分离、困境之后，变得僵硬顽强？也许你的外表看来坚硬如旧，但是你的心灵是不是变得又苦又倔又固执？或者，你就像是咖啡？咖啡将那带来痛苦的沸水改变了，当它的温度高达100摄氏度时，水变成了美味的咖啡，当水沸腾到最高点时，它就越加美味。如果你像咖啡，当逆境到来、一切不如意的时候，你就会变得更好，而且将外在的一切转变得更加令人欢喜。懂吗，我的宝贝女儿？你要让逆境摧折你，还是你主动改变，让身边的一切变得更美好？"

在人生的道路上，谁都会遇到困难和挫折，就看你能不能战胜它。战胜了，你就是英雄，就是生活的强者。

※ 永不知足才能与成功握手

蔡志忠说："我用10年的时间名满天下，赚了1000万。倘若重新给我选择的机会，我只用这10年去看看高山，听听流水，别的什么也不做。"王蒙说："我更倾向未成名前简简单单的读书生活。"体验了世间百味，经历了无数荣誉与挫折，阅尽了天下事，成功之后总要归于平淡的。

然而，更多的人并没有成功过，却也叫着平平淡淡才是真，这就有点儿自欺欺人了。不成功却喊着追求平淡，其实是无能的一种托词。每个人来到世间时，他只是一张白纸。而后漫漫岁月间，他所做的一切便是尽可能地为这张白纸增添尽可能多的色彩，一幕绚丽的彩画才是我们最圆满的结局。那些饱尝世上滋味的成功者早已将他的人生画卷涂抹得色彩斑斓，他们归于平静的原因只是想静下心来做一些最后的修改。或许是真的有些倦了，一旦休息时，他会觉得很是惬意，于是便说出了上面的话语。但是倘若真的让时光倒转，大概蔡志忠依旧会不懈地画他的漫画，王蒙仍然会不倦地做他的文章。

将生活变得更丰富、更有意义、更有价值。体验成功的喜悦，这是每个人最基本的愿望。

虽然，成功意味着痛苦，意味着超人的付出，意味着这样或那样的代价……但只有这样，我们才能真正体验到生活的原味，才能使生活中的甜愈甜、苦愈苦、涩愈涩，才能真正地了解生活。

中国有句古语，叫作"知足者常乐"。这句话用在养生上尚有一定道理：你看，"知足常乐"，常知足就常常乐，常常乐就常知足。天天乐呵呵的人，那身体自然也就会好。但这句话用在人的发展上，却是大大的谬误。

因为知足，人们容易满足现状，小富即安、不思进取；因为知足，人们便很容易放弃拼搏与努力，也就失去了继续攀登高峰的动力，不求上进。

克利夫兰曾两度出任美国总统，可他刚开始时只不过是一名商店的售货员，如果当时他满足于现状，以为当好一名站柜台的售货员能够养家糊口便足矣，那么他不可能成为美国总统。

世界钢铁大王安德鲁·卡内基出身贫寒，他刚进入企业界时只不过是一名锅炉工，如果他仅仅满足于烧好锅炉，当好锅炉工，那他至多不过是一名称职的锅炉工，不可能成为世界钢铁大王。

福特是一名农庄主的儿子，他的父亲希望他成为一名农民，然而不满足于现状的他却身无分文地跑到了城市里闯世界，经过一番拼搏，终于创立了他的福特王国。

奥里森·马登说过："如果一个青年人的境遇不逼迫他工作，让他感到生活上的不满足，那么他就不会再努力奋斗。"这句话真是精辟。大凡成功人士，无不从"不知足"开始起步。人生对他们来说就是攀登一个又一个的高峰，实现一个又一个一级比一级高的目标的过程。

福特就是一个永不知足的人，在他的领导下，福特汽车不断进行技术创新，开创了福特汽车王国。

在汽车制造史上，流水作业是工业生产的一项创造性的革命，它不但是提高生产速度的必由之路，也是福特创造性的眼光带来的飞跃。

福特对汽车制造永不满足，在短短的几年时间里，福特不断改进设计，先后生产出A、B、C、F、K、N、R、S八种车型，从两缸到六缸，从八马力到四马力，从有篷到无篷，可以说是做了很大的努力。

当时,福特汽车的质量已经达到一定水准。但是,福特并未陶醉于已经取得的成功,他的追求是无限的。

有一天,福特告诉他的属下:"我在想汽车生产的规格化、标准化……"

"什么是规格化、标准化?"

"如果福特汽车外型、颜色完全统一,这样,买主维修、保养就方便多了,他们也会愿意买我们的车。"

福特不久又有了新构想,他说:"公司只是等顾客上门或是由人员销售,市场有限得很,我们可以通过邮局开展邮购业务。"

订单不断地涌来,有时一天就接到1000多份订单。订单之多不仅使销售人员招架不住了,生产人员也撑不住了。

仅仅一年时间,T型车就销售6000辆,除去一切宣传费用,净利比过去五年还高出200余万元!

福特汽车的大量销售,达到了供不应求的地步。福特汽车再原地踏步,已无法适应新的市场需求。

福特决定扩建工厂,他在底特律海兰德公园购买了一块60英亩的土地,由年轻有为的建筑设计师阿尔巴顿·康负责设计工作。福特指示:新厂房要设计成屠宰业生产线的模式,实行流水作业。

工厂建成以后,工人的生产速度大为增加,福特创造了93分钟生产一辆汽车的新纪录。T型车自1908年至1927年19年间,一共生产了1500万辆,曾一度占领了68%的世界汽车市场。

福特开始被视为卓越的成功者。他也为自己的成功感到无限喜悦，但他并不满足于此、陶醉于此。他从自己的成功经历中悟出"不停追求，才能不断进取"的真谛。福特迅速成功地进行了从技术设备到员工管理的工业生产革命，从而使他的名字响彻世界。同时，他在汽车界的影响范围在无限扩大，他几乎成了业界的典范人物。

永不知足，人们才会在实现或达到一个目标以后，给自己制定下一个更高的追求目标，这样才能拥有不畏坚难敢于拼搏的不竭动力，使成功成为可能；永不知足，人们才会在近期目标达到之后，为自己再制定下一个远期的、更高的目标；永不知足的人，他的意志、品格、力量和决心在不断的拼搏和奋斗中，得到了不断的锻炼和升华。

永不知足是否定过去，展望未来，勇往直前地立足现在，挑战未来；永不知足是否定现状，不拘泥于旧事物的约束，勇敢地追求更美好的未来，不安于现状，不满足于现状，不停滞于现状。只有永不知足，才能与成功握手。

图书在版编目（CIP）数据

将来的你，一定会感谢现在拼命的自己 / 连山编著. —— 北京：中国华侨出版社，2018.3（2020.1重印）

ISBN 978-7-5113-7534-6

Ⅰ.①将… Ⅱ.①连… Ⅲ.①成功心理—通俗读物 Ⅳ.①B848.4-49

中国版本图书馆CIP数据核字(2018)第031322号

将来的你，一定会感谢现在拼命的自己

编　　著：	连　山
责任编辑：	福　荣
封面设计：	冬　凡
文字编辑：	王　鹏
美术编辑：	武有菊
经　　销：	新华书店
开　　本：	880mm×1230mm　1/32　印张：6　字数：124千字
印　　刷：	三河市燕春印务有限公司
版　　次：	2018年5月第1版　2020年12月第8次印刷
书　　号：	ISBN 978-7-5113-7534-6
定　　价：	30.00元

中国华侨出版社　北京市朝阳区西坝河东里77号楼底商5号　邮编：100028
法律顾问：陈鹰律师事务所
发 行 部：（010）88893001　　　传　　真：（010）62707370
网　　址：www.oveaschin.com　　E-mail：oveaschin@sina.com

如果发现印装质量问题，影响阅读，请与印刷厂联系调换。